GEORG USZCZAPOWSKI

ELASTIZITÄT UND FESTIGKEIT

GRUNDLAGEN DER MECHANIK

ZWEITER TEIL

demmig verlag KG

ISBN 3 92 1092 33 7
Druck von Omnitypie-Gesellschaft Nachf. Leopold Zechnall, Stuttgart

EINTEILUNG

EINLEITUNG

In diesem zweiten Teil unserer Beschäftigung mit der Mechanik bauen wir auf den Kenntnissen der Statik aus dem ersten Band auf. Hier werden wir nunmehr berücksichtigen, daß die Körper unter Einwirkung der Kräfte deformiert werden. In der Idealisierung diesbezüglicher Tatsachen werden wir zu diesem neuen Betrachtungsgebiet einige grundlegende Annahmen (G. A.) treffen, die zu denjenigen der Statik (s. Band Statik, S. 11) hinzukommen.

Ausgenommen aus unserer Axiomatik idealer Linearelastizität ist natürlich das Kapitel III, Festigkeitslehre, welches die Geborgenheit der Abstraktionen verlassen und einen kurzen Blick in die Unerbittlichkeiten des realen Körpers bieten muß.

Auch in diesem Band ist auf herkömmliche Vollständigkeit eines Lehrbuches verzichtet worden. Der Leser wird den Inhalt als eine „eiserne Ration" in kurzer Zeit durcharbeiten können. Wichtig ist die Beachtung der Geometrie kleiner Systemdeformationen. Simplifikationen, die bei kleinen Winkeln aus $\sin\alpha \approx \tan\alpha \approx \alpha$ und $\cos\alpha \approx 1$, bzw. $\cos\alpha = 1 - \frac{1}{2}\alpha^2$ folgen, sind als geläufig vorausgesetzt.

Auch im übrigen genügen hier mathematische Kenntnisse der Anfangssemester des Ingenieurstudiums. Zum Nachschlagen benutze man die Demmig-Repetitorien der Mathematik.

Es wurde hier die in der vorhandenen einschlägigen Lehrbuchliteratur noch für Jahre anzutreffende Krafteinheit des Technischen Maßsystems 1 Kilopond belassen. Ein etwa gewünschter Wechsel zu der Krafteinheit des nunmehr vordringenden MKS-Systems würde dem Leser keine Schwierigkeit machen: 1 Kp = 9,81 Newton

Kapitel I. Vorbereitende Themen

1. Querkraft und Biegemoment in einem transversal belasteten Balken

Für Deformationsfragen und für Festigkeitsfragen an einem Balken sind folgende Größen wesentlich :

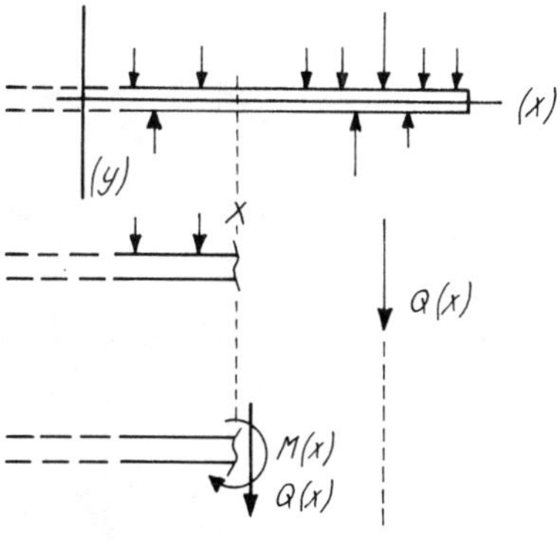

Ein Balken sei beliebig gelagert, beliebig transversal belastet. Fassen wir einen Transversalschnitt an einer beliebigen Stelle x ins Auge. Welchen Effekt hat der rechts von x liegende Balkenteil auf den links verbleibenden Balkenteil ?
Resultierende $Q(x)$ aller Kräfte (einschließlich evtl. Lagerkräfte) am rechten Balkenteil kann am Schnitt direkt gedacht werden, wenn man das aus der wirklichen Lage von $Q(x)$ heraus erzeugte Moment um den Schnitt bei x berücksichtigt [1].

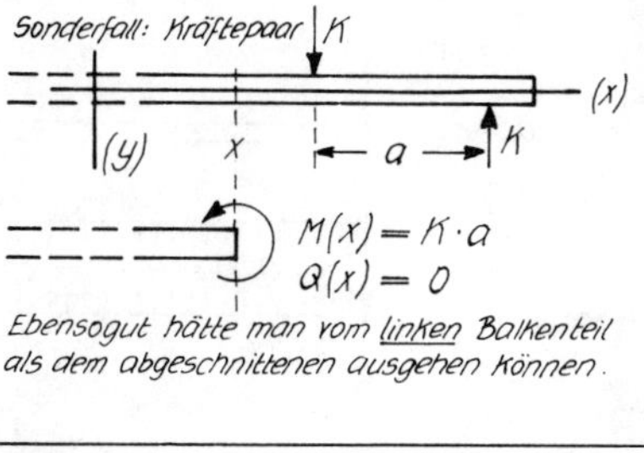

Ebensogut hätte man vom linken Balkenteil als dem abgeschnittenen ausgehen können.

Der Sonderfall, daß sich am rechten Balkenteil nicht eine Resultierende, sondern eine Kräftepaar ergibt K ; a — rechts von der Stelle x — liefert bei x
$M(x) = K \cdot a \quad ; \quad Q(x) = 0$.

---

[1] siehe G. Uscczapowski : „Statik", Seite 86

<u>Die Querkraft Q(x)</u> in einem Transversalschnitt ist diejenige Kraft, die von einem gedanklich abgeschnittenen Balkenteil auf den restlichen Balken, senkrecht zum Balken, (scherend) ausgeübt wird.

<u>Das Biegemoment M(x)</u> in einem Transversalschnitt ist das Moment aller Kräfte, die an dem gedanklich abgeschnittenen Balkenteil angreifen, um diese Schnittstelle.

Diese Größen sind i.a. von Stelle zu Stelle im Balken verschieden, d.h. sie sind i.a. Funktionen der Längskoordinate im Balken.

<u>Längskräfte</u>, die eventuell am Balken angreifen, sind gegebenenfalls in M(x) zu berücksichtigen.

Über die Vorzeichen kann noch frei entschieden werden. Der vorwiegenden Praxis folgend wollen wir hier wählen:

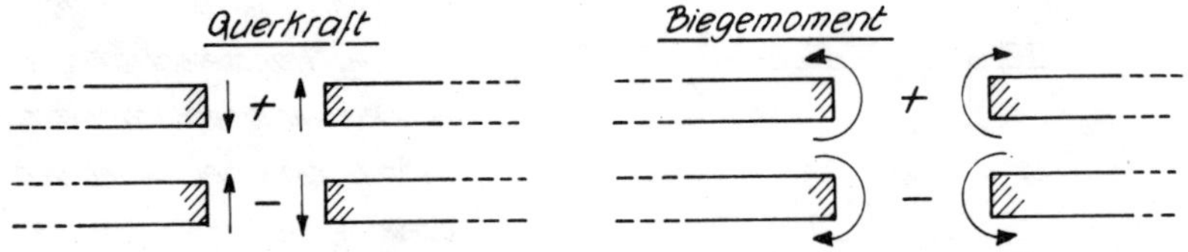

Im Hinblick auf die Gepflogenheiten der Praxis richten wir die Ordinaten <u>ab</u>wärts.

<u>Beispiele</u>:

<u>1. Kragbalken</u>

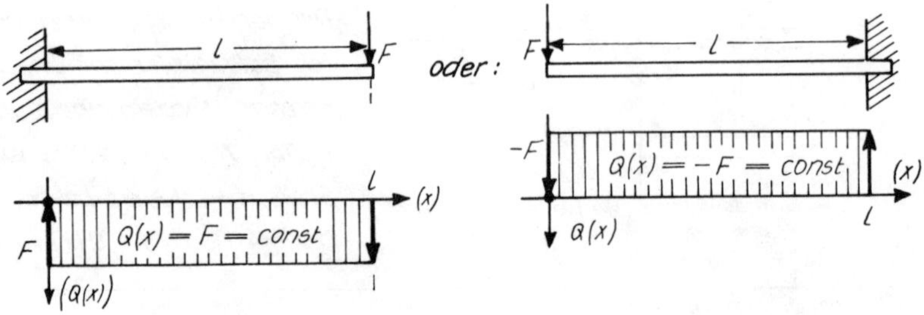

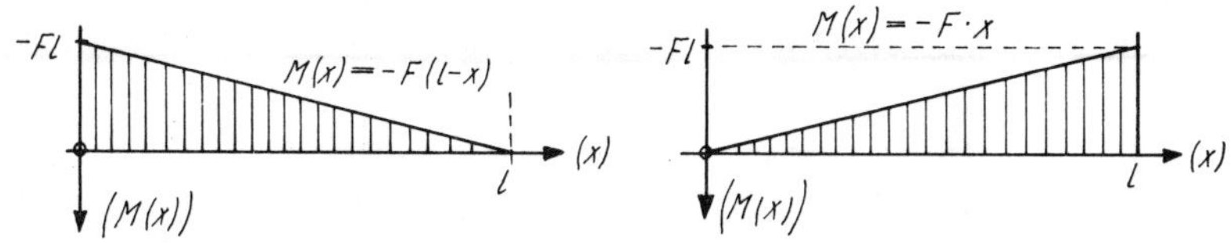

2. Balken auf zwei Stützen, Punktlast in der Mitte.

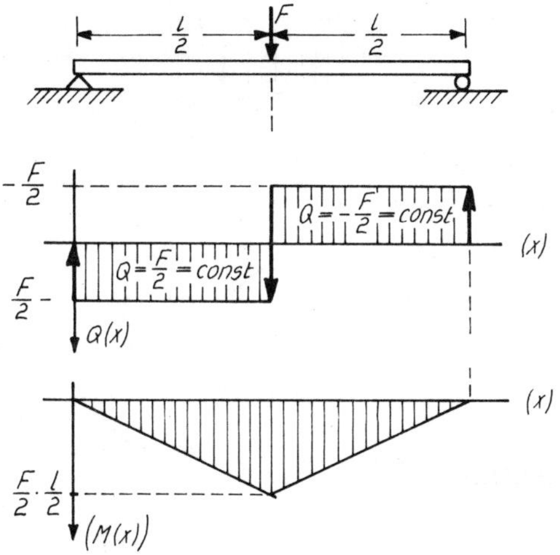

3. Reine Biegung

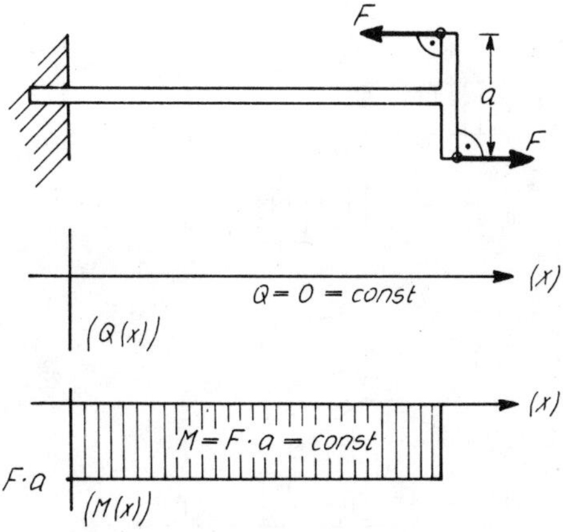

4. Reine Biegung zwischen zwei Lagern.

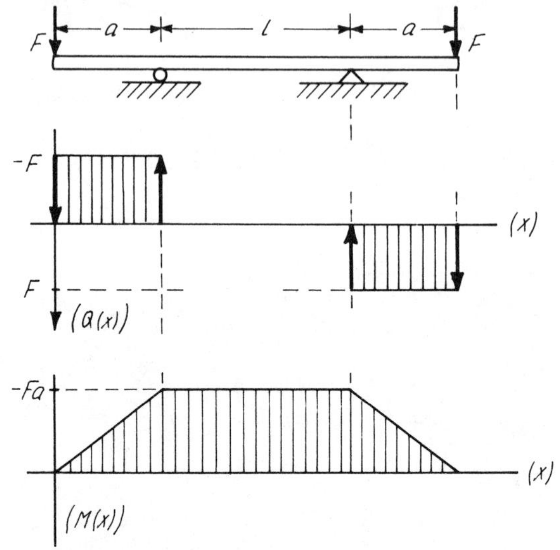

5. Überkragendes Balkenende mit Last.

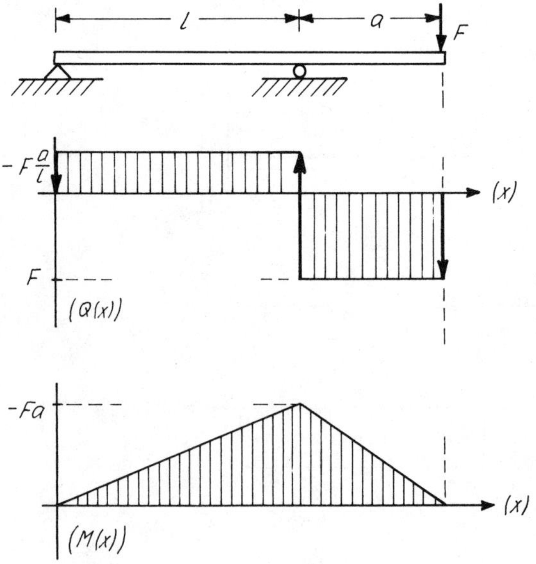

Bei mehrfachen Lasten kann der Verlauf des Biegemomentes aus der Superposition, d.h. Überlagerung, hervorgegangen gedacht werden.

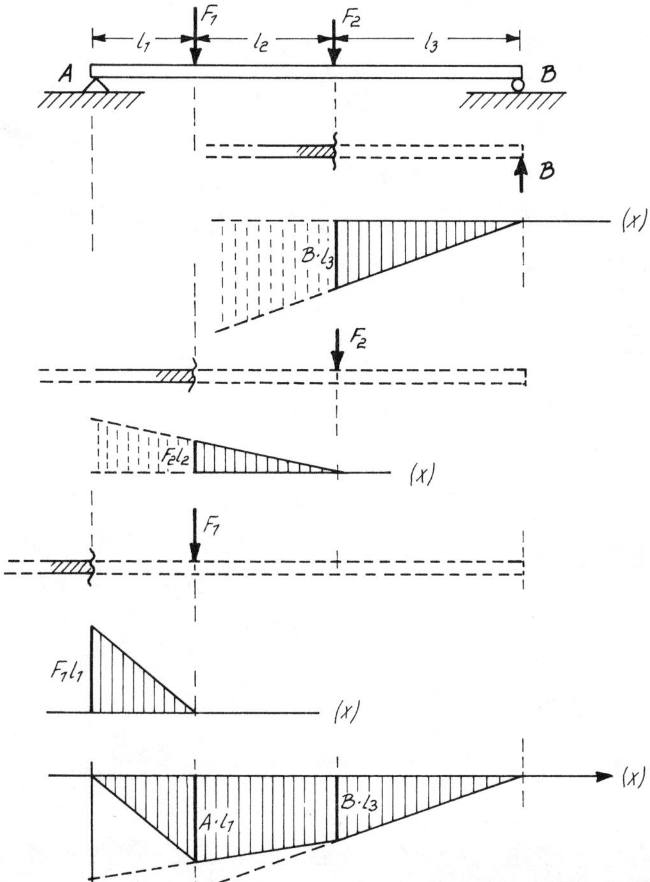

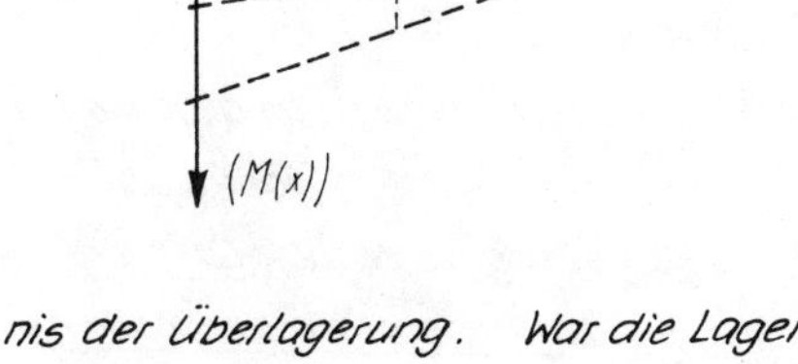

Lagerkräfte können leicht durch Momentansatz oder graphisch bestimmt werden (siehe U.: ‚Statik', S. 54, 88). Die unterste Skizze zeigt das Ergebnis der Überlagerung. War die Lagerkraft B richtig bestimmt worden, so wird hier die von rechts nach links fortgeschrittene Überlagerung am linken Ende $M(0) = 0$ ergeben, da das Gelenk bei A kein Moment aufnehmen kann.

Allgemein ergibt sich, daß zwischen den Einzellasten der $M(x)$-Verlauf linear sein muß .

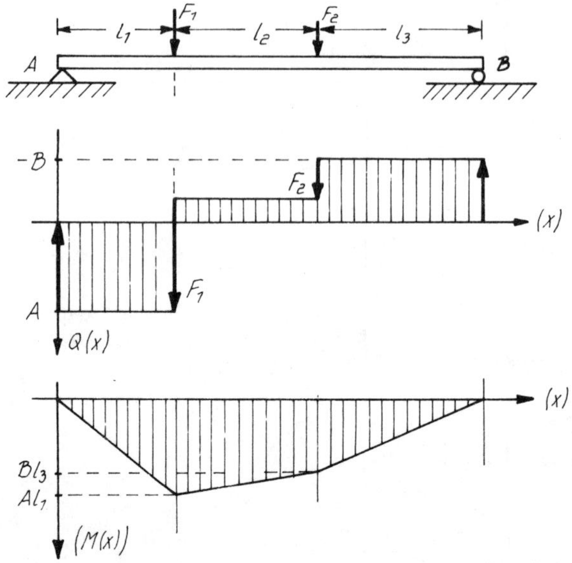

Allgemeiner Zusammenhang zwischen Last, Querkraft, Biegemoment.

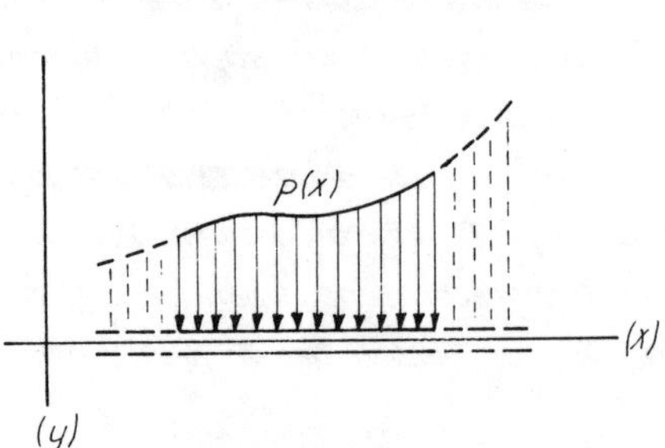

$p(x)$ sei die (im allgemeinen kontinuierlich oder stückweise stetig verteilte) Last pro Längeneinheit des Balkens.

$p(x)$ im nebendargestellten Sinn positiv vereinbart.

Hier bitte $p(x)$ nicht mit dem Begriff „Druck" verwechseln.

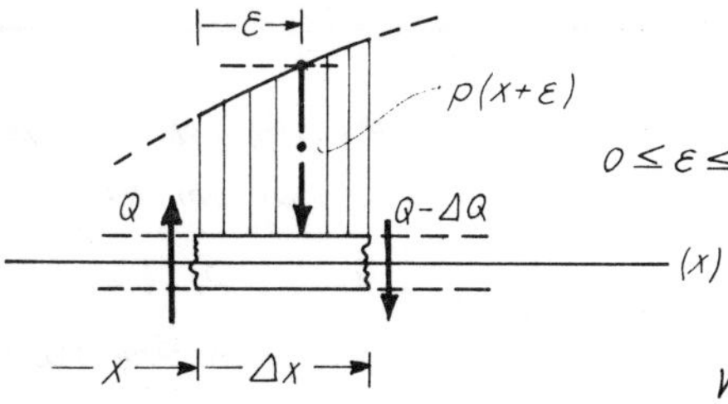

$$0 \leq \varepsilon \leq \Delta x$$

Vertikales Gleichgewicht des Balkenelementes:

$$p(x+\varepsilon) \cdot \Delta x = -\Delta Q$$

$$\frac{\Delta Q}{\Delta x} = -p(x+\varepsilon)$$

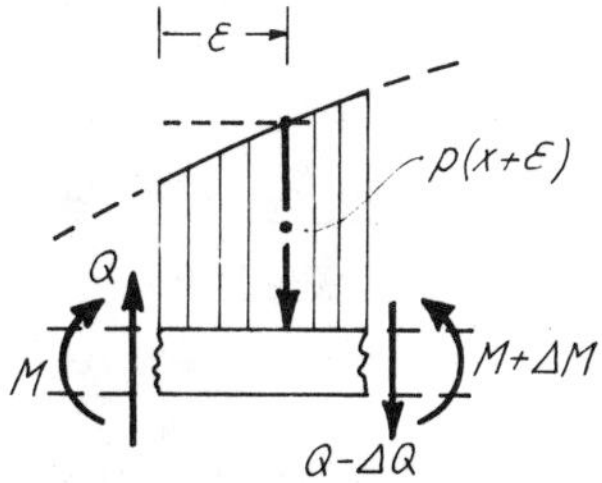

$$\lim_{\Delta x \to 0} \frac{\Delta Q}{\Delta x} = \boxed{\frac{dQ(x)}{dx} = -p(x)}$$

also $\boxed{Q = -\int p(x) \cdot dx + c}$

Momentsumme, am bequemsten um das rechte Balkenelementende als Bezugspunkt:

$$-Q \cdot \Delta x + p(x+\varepsilon) \cdot \Delta x \cdot \eta + \Delta M = 0 \ ; \quad 0 \leq \eta \leq \Delta x$$

$$\lim_{\Delta x \to 0} \frac{\Delta M}{\Delta x} = \boxed{\frac{dM}{dx} = Q(x)}$$

also $\boxed{M = \int Q(x) \cdot dx + c}$

Für die Bestimmung der Randbedingungen bei der Jntegration $p \to Q$, $Q \to M$, folgende Hinweise (vgl. nachfolgende Beispiele):

Am Balkenende (bzw. Balkenanfang):

Freies Balkenende $Q = F$, $M = 0$

Freies Balkenende $Q = 0$, $M = 0$

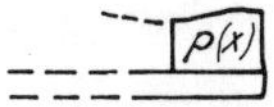

Gelenklager $Q = -V$, $M = 0$

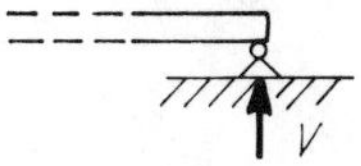

Beispiel: Kragbalken mit gleichmäßig verteilter Last.

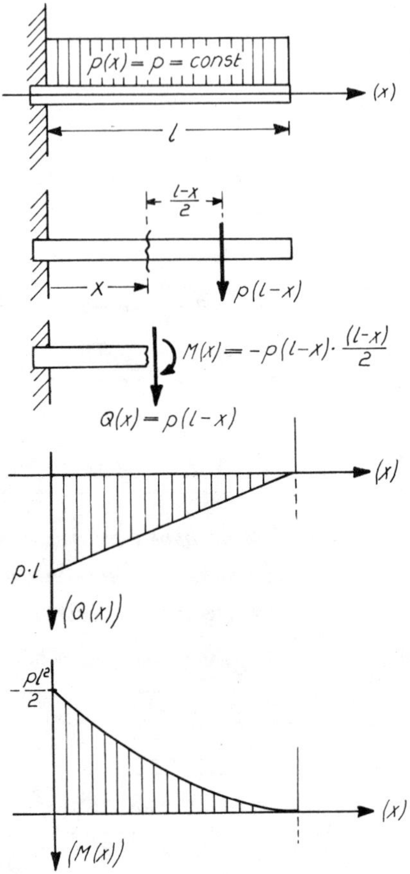

Für eine beliebige Stelle x liest man unmittelbar ab:

$$Q(x) = p \cdot (l - x)$$

und das Biegemoment:

$$M(x) = -p(l-x) \cdot \frac{(l-x)}{2}$$

$$= -p \cdot \frac{(l-x)^2}{2} \, .$$

Nun das Gleiche durch Integration:

(hier: $p = const$).

$$Q(x) = -\int p \cdot dx = -px + c$$

bei $x = l$ ist $Q = 0$,

somit:

$0 = -pl + c$; d.h. $c = +pl$.

$Q(x) = p(l-x)$, wie oben.

$$M(x) = \int Q dx = p \int (l-x) dx + c$$

$$= pl \cdot x - p\frac{x^2}{2} + c$$

bei $x = l$ ist $M = 0$,

somit:

$$0 = \frac{pl^2}{2} + c \, , \quad \text{d.h.} \quad c = -\frac{pl^2}{2}$$

$$M(x) = -p\frac{x^2}{2} + plx - p\frac{l^2}{2} = -p\frac{(l-x)^2}{2} \, ,$$

wie oben.

Beispiel :

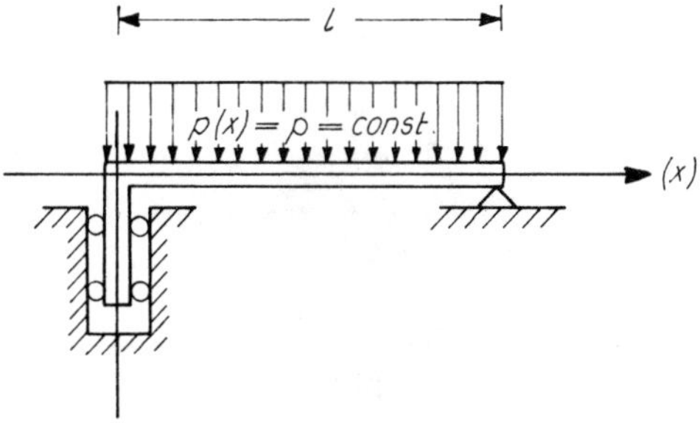

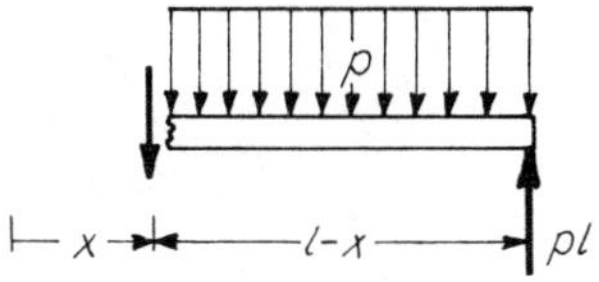

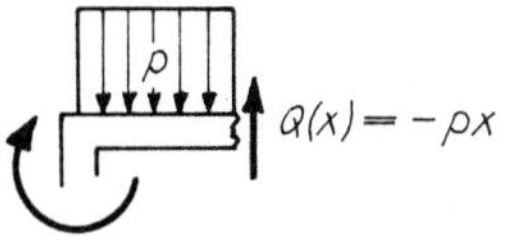

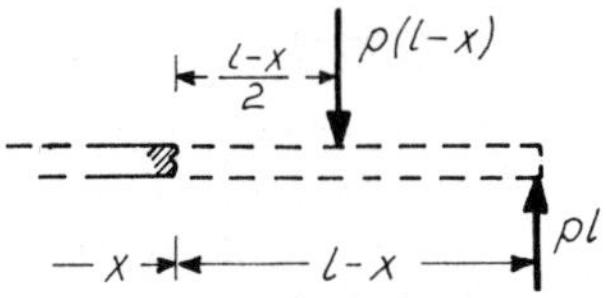

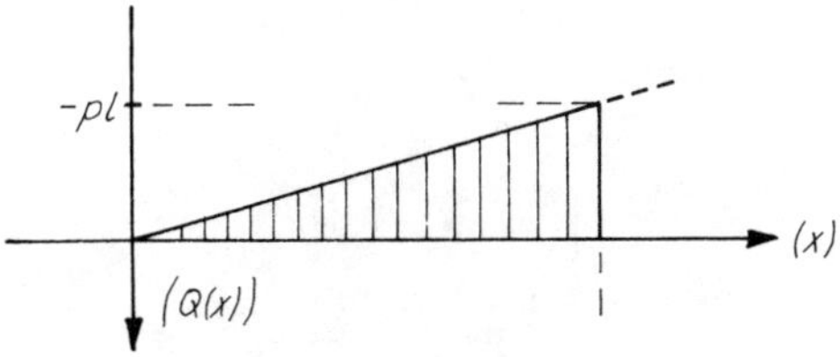

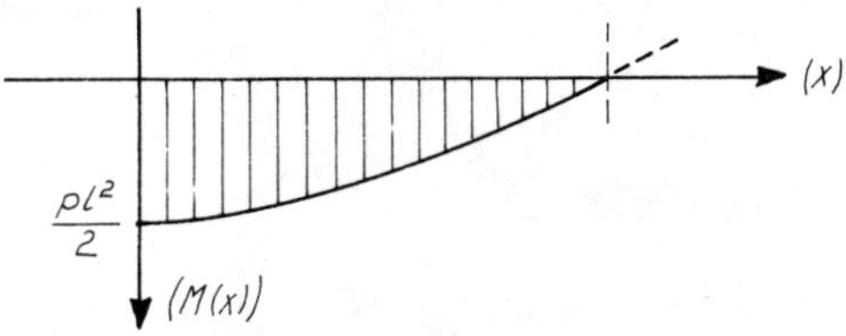

Hier ist sehr lehrreich, daß man am links vom Schnitt verbliebenen Balkenteil aus dem Vertikalgleichgewicht am schnellsten abliest :

$$-p \cdot x = Q(x) .$$

Selbstverständlich erhält man das auch aus dem rechts vom Schnitt liegenden Balkenteil: Vertikalgleichgewicht :

$$Q(x) = p(l-x) - pl = -px$$

Auch das Biegemoment ist unmittelbar ablesbar : von rechts :

$$M(x) = pl \cdot (l-x) - p(l-x) \cdot \frac{(l-x)}{2}$$

$$= \frac{p}{2}(l^2 - x^2)$$

Nun das Gleiche übungshalber mit der Integration :

(In diesem Beispiel ist $p = const$).

$$Q(x) = -\int p dx = -px + c_1$$

Bei $x = 0$ ist $Q(0) = 0$, da keine vertikale Stützkraft:

$0 = -p \cdot 0 + c_1$, d.h. $c_1 = 0$.

$Q(x) = -px$, wie oben.

$$M(x) = \int Q(x) dx = -p \int x dx = -p \frac{x^2}{2} + c_2 .$$

Bei $x = l$ ist $M(l) = 0$, da das Gelenk kein Moment aufnehmen könnte: $0 = -p\frac{l^2}{2} + c_2$, d.h. $c_2 = \frac{pl^2}{2}$.

Somit:

$M(x) = \frac{p}{2}(l^2 - x^2)$, wie oben.

2. Die Arbeit

Elementardefinition :

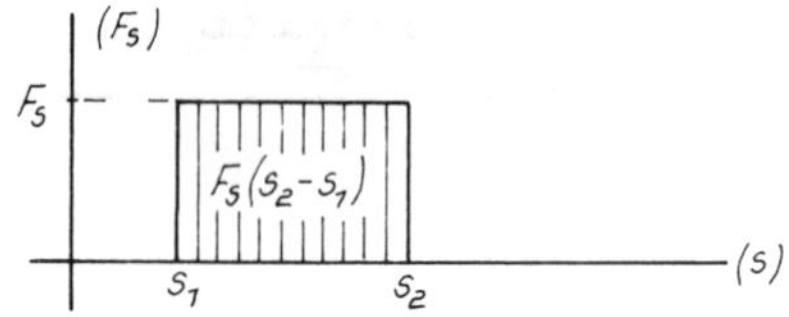

Verschiebt sich der Kraftangriffs-punkt geradlinig um s_2-s_1 und ist die Projektion F_s der Kraft F in die Richtung der Verschiebung konstant, so heißt

$$W_{1,2}=F_s\,(s_2-s_1)$$
$$=F\cos\varphi\cdot(s_2-s_1)$$

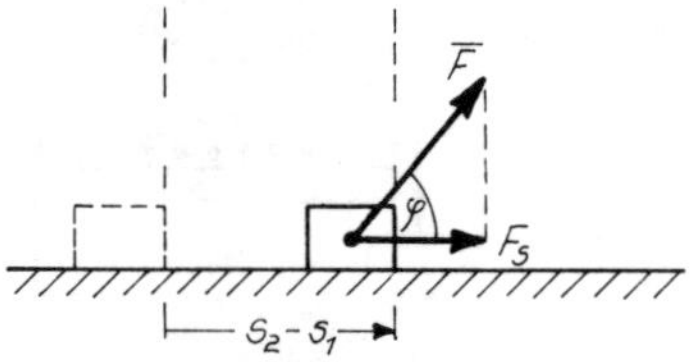

die Arbeit der Kraft $\overline{F}$ längs des Weges s_2-s_1 .

Das läßt sich sofort vektoriell als ein skalares Produkt schreiben :

$$W=\overline{F}\cdot\overline{s}\;;\;{}^{*)}$$

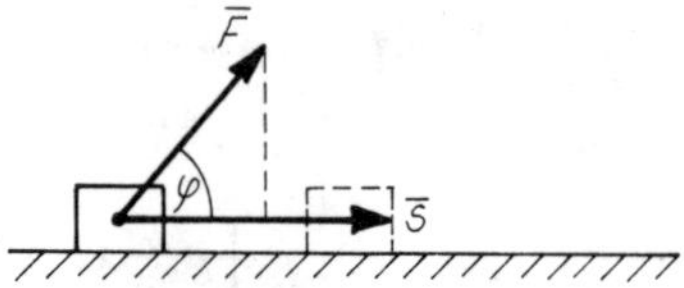

$\overline{s}$ - geradlinige Verschiebung, $|\overline{s}|=s_2-s_1$.

$\overline{F}$ - konstant vorausgesetzte Kraft .

*) siehe : Uszczapowski, ‚Statik', S. 8 ; G. Demmig, ‚Vektorrechnung I'.

Intervallweise veränderliche Kraftprojektion F_s .

Obige Elementardefinition intervallweise angewandt und summiert :

$$W_{1,2}=\sum_{s_1}^{s_2}F_{s_i}\cdot\Delta s_i=\sum_{s_1}^{s_2}\overline{F_i}\cdot\overline{\Delta s_i}$$

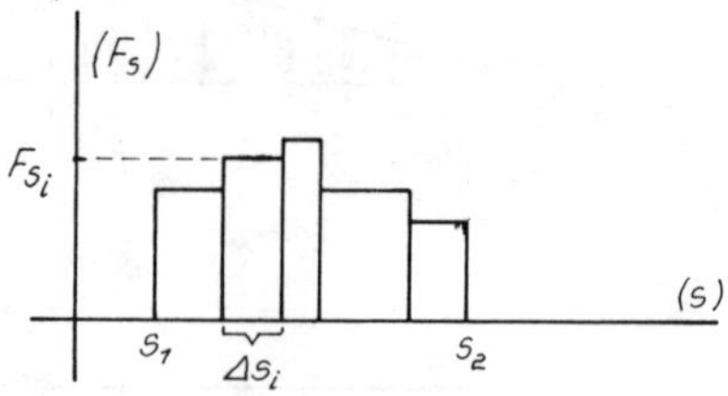

Kontinuierlich veränderliche Kraftprojektion F_s .

Der Grenzübergang an obigem Ausdruck ergibt :

$$W_{1,2} = \int_{s_1}^{s_2} F_s \cdot ds$$

Auch hier als Fläche unter der Kurve im Kraft-Weg-Diagramm deutbar.

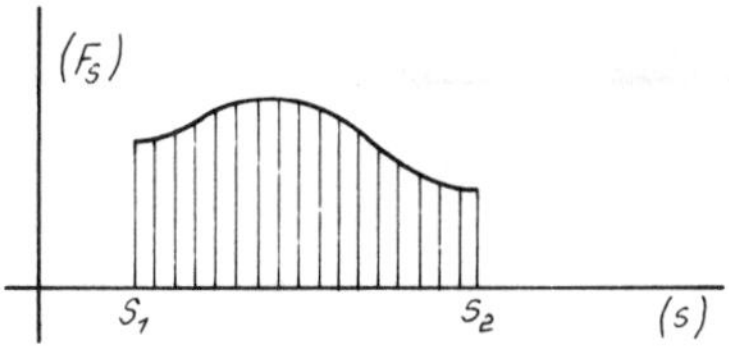

Jst der Weg als eine im allgemeinen gekrümmte Kurve in x-y-Koordinaten in einer Ebene gegeben und auch die Kraft, von Ort zu Ort nach Größe und Richtung verschieden in dieser Ebene, so ist [1]

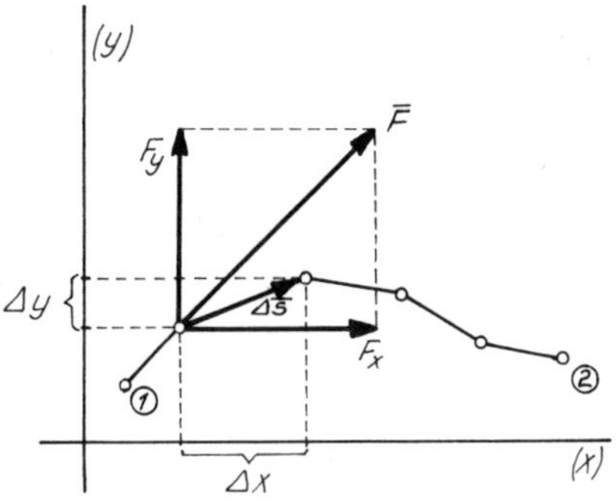

Endliches Polygon, sehnenweise verschiedene Kraftprojektion F_s. [1]

$$W_{1,2} = \sum_{①}^{②} \left[F_x \cdot \Delta x + F_y \Delta y\right]_i$$

$$= \sum_{①}^{②} \overline{F_i} \cdot \overline{\Delta s_i}$$

F_s ist hier die jeweils in Richtung von $\overline{\Delta s}$ fallende Kraftprojektion.

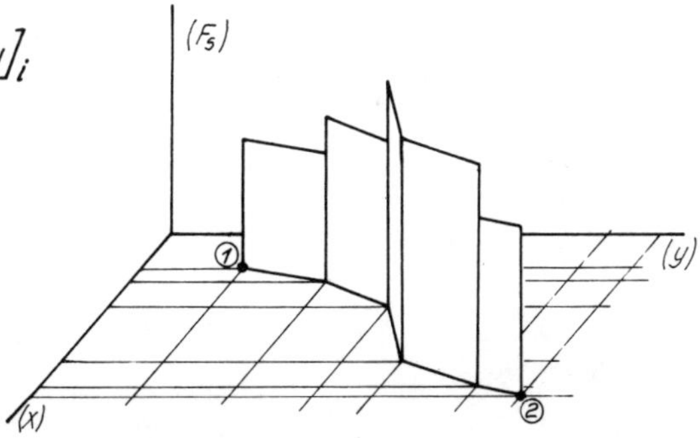

Kontinuierlicher zweidimensionaler Sachverhalt [1].

Der Grenzübergang ergibt sich aus dem Obigen :

$$W_{1,2} = \int_{①}^{②} \overline{F} \cdot \overline{ds} = \int_{①}^{②} (F_x\, dx + F_y \cdot dy)$$

---

[1] Skalares Produkt zweier Vektoren : vgl. G. Demmig , „Vektorrechnung I“ .

Entsprechend erhält man für einen dreidimensionalen (räumlichen) Sachverhalt [1]:

$$W_{1,2} = \int_{①}^{②} \overline{F} \cdot \overline{ds} = \int_{①}^{②} (F_x dx + F_y dy + F_z dz) \; .$$

---

[1] Skalares Produkt zweier Vektoren: vgl. G. Demmig, „Vektorrechnung I".

Kapitel II. Spannungen und Deformationen

A. Allgemeines

Zu den fundamentalen Begriffen der Deformationslehre gehören zwei — idealisierte — Grenzfälle :

1) Elastischer Körper , charakterisiert durch die Rückkehr zur ursprünglichen Form nach Aufhebung der verformenden Kräfte .

2) Plastischer Körper , behält die Formänderung bei nach Aufhebung verformender Kräfte .

Das Verhalten eines realen Körpers liegt zwischen diesen — idealisierten — Grenzfällen .
Der praktisch elastische Deformationsbereich eines festen Körpers ist technisch der wichtigste .

1. Grundlegende Annahmen (GA)

Jn unserer Elastizitätslehre wollen wir uns auf linear-elastische Körper beschränken. Hierzu folgende , zu den in der Statik getroffenen hinzukommende Grundlegende Annahmen (GA) :

An einem quaderförmigen Körperelement :

1) a) Änderung der Körperabmessung l in Richtung der Kraft F

(1a) $$\boxed{F = \frac{A}{l} E \cdot \Delta l}$$

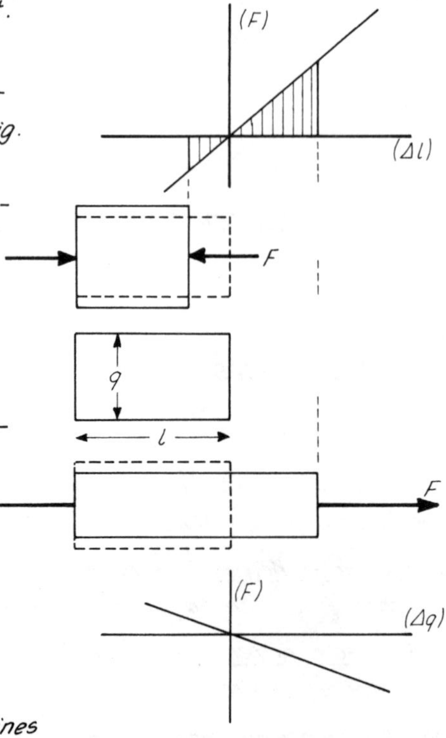

A - Querschnitt ⊥ zur Kraft.

Δl - Längenänderung.

E - Elastizitätsmodul, konstant, nur materialabhängig.

b) Änderung einer Körperabmessung quer zur Kraftrichtung.

(1b) $$\frac{\Delta q}{q} = -\mu \cdot \frac{\Delta l}{l}$$

Δq - Änderung der Querabmessung.

μ - Querkontraktionszahl, konstant, nur materialabhängig.

2) Scherende Deformation eines quaderförmigen Körperelementes.

(2) $$F = A \cdot G \cdot \gamma$$

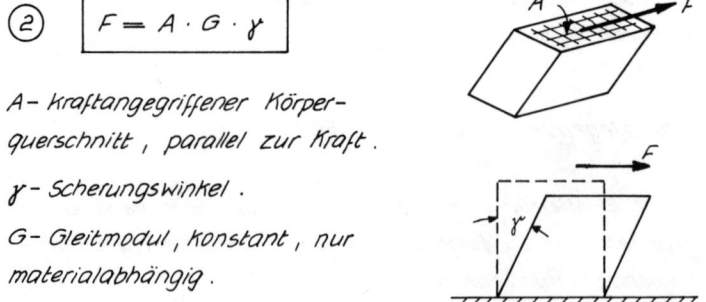

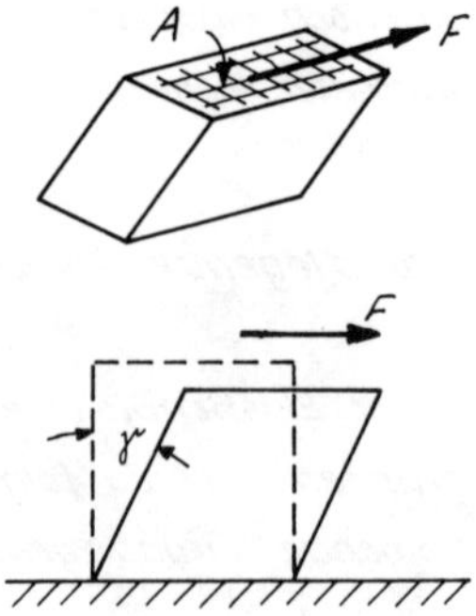

A - kraftangegriffener Körperquerschnitt, parallel zur Kraft.

γ - Scherungswinkel.

G - Gleitmodul, konstant, nur materialabhängig.

3) Der Körper ist elastisch, er kehrt in die ursprüngliche Form nach Entlastung zurück. Endet eine Deformationsfolge in der Ausgangsform des Körpers, so ist die Summe der Deformationsarbeiten gleich Null.

4) Werden einem Körper mehrere verschiedene Kräfte aufgebracht, so ist der statische und deformationsgeometrische Endsachverhalt unabhängig von der Reihenfolge der Lastaufbringung.

NB:

a) Proportionalität zwischen der Kraft und der hervorgerufenen Deformationsgröße benennt man mit dem historischen Namen das „Hookesche Gesetz".

b) Man beachte, daß die im Kraft-Weg-Diagramm unter der Kurve erscheinende Fläche Arbeit darstellt, die man im elastischen Körper bei der Deformation aufspeichert (Deformationsarbeit).

2. Spannungen und Dehnungen

a) Definition der Spannung und der spezifischen Deformationsgrößen

1) Normalspannung

$$\boxed{\sigma = \frac{F}{A}}$$

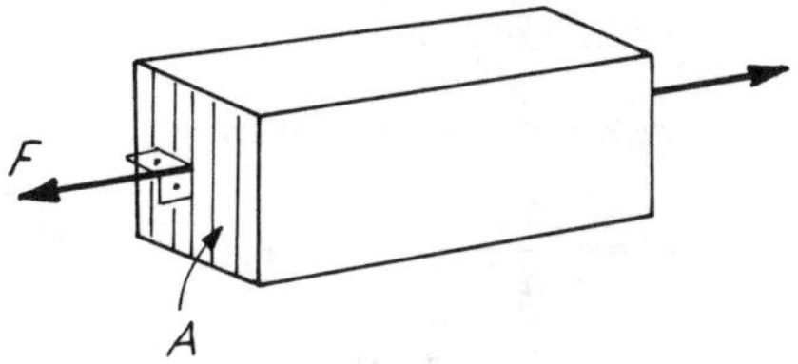

A-Querschnitt ⊥ zu $\bar{F}$, einem gleichmäßig verteilten Kraftangriff ausgesetzt.

Vorzeichenvereinbarung:

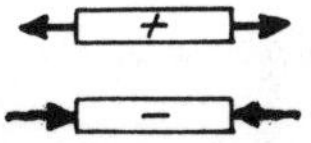

$\sigma > 0$ Zugspannung,

$\sigma < 0$ Druckspannung.

2) Schubspannung

$$\boxed{\tau = \frac{F}{A}}$$

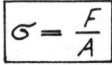

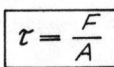

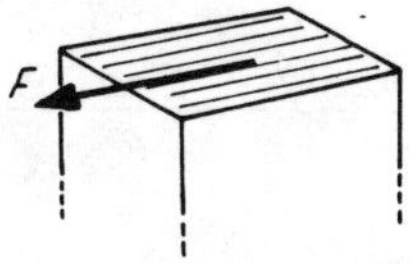

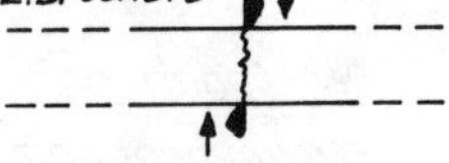

A-Querschnitt parallel zu $\bar{F}$, einem gleichmäßig verteiltem Kraftangriff ausgesetzt

3) Superposition der Normal- und Schubspannung

Bei allgemeiner Kraftangriffsorientierung bezüglich des betrachteten Querschnitts A ist die Kraft in die Normalkomponente (N) und Tangentialkomponente (T) zerlegt zu denken und nach (1), (2)

$\sigma = \frac{N}{A}$, $\tau = \frac{T}{A}$ zu

bilden.

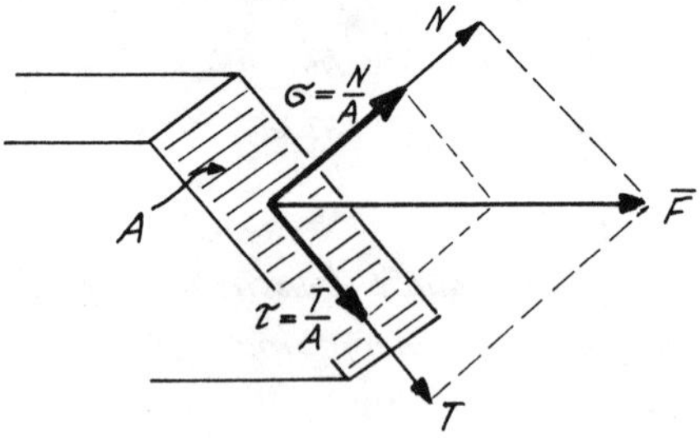

NB:

Läßt sich der Kraftangriff — idealisierend — nicht über den ganzen Querschnitt gleichmäßig verteilt denken, so muß eine geeignete Unterteilung in Flächenelemente vorgenomen werden. Statt $\sigma = \frac{F}{A}$ ist gegebenenfalls $\sigma = \frac{\Delta F}{\Delta A}$ und unter Umständen ein Grenzübergang zu bilden, der durch $\frac{dF}{dA}$ zum Ausdruck kommt.

4) Dehnung

relative Längenänderung

$$\varepsilon = \frac{\Delta l}{l} .$$

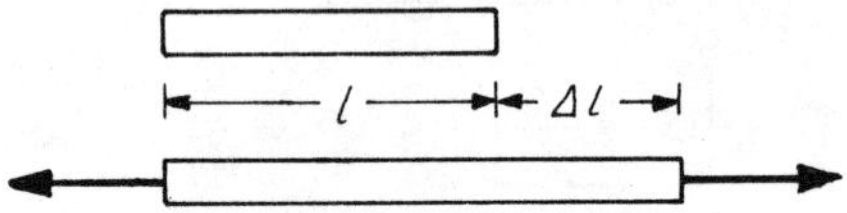

5) Scherung

Verzerrungswinkel.
Da $\gamma \ll 1$ vorausgesetzt wird, ist

$$\gamma \approx \sin\gamma \approx \tan\gamma \approx \frac{u}{l} .$$

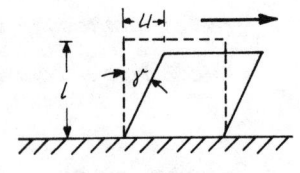

Der Spannungs – Dehnungs- und Schubspannungs – Scherungs- Zusammenhang.

Mit obigen Definitionen erhält man aus der GA (1a), Seite 19:

$$\frac{F}{A} = E \frac{\Delta l}{l} ,$$

$$\boxed{\sigma = E \cdot \varepsilon}$$

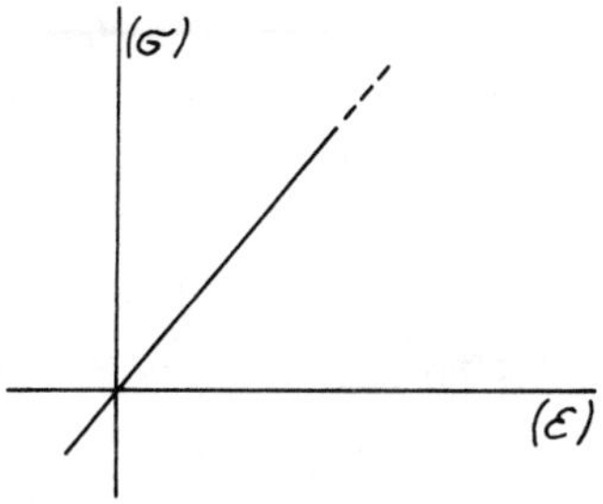

aus GA (1b), Seite 20

$$\frac{\Delta q}{q} = -\mu \frac{\Delta l}{l} \quad ,$$

$$\boxed{\varepsilon_q = -\mu \cdot \varepsilon = -\mu \frac{\sigma}{E}} \quad ;$$

aus GA (2), Seite 20

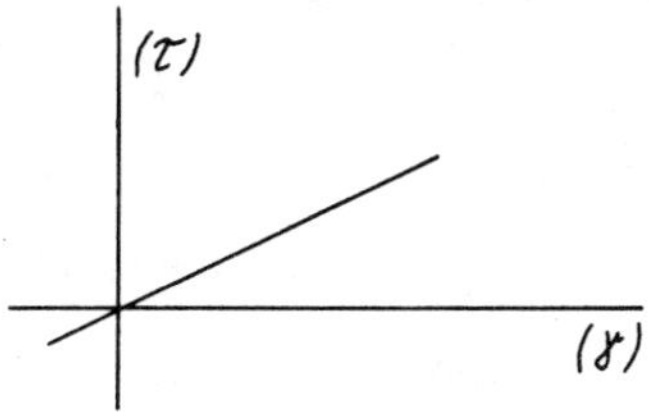

$$\frac{F}{A} = G \cdot \gamma \quad ,$$

$$\boxed{\tau = G \cdot \gamma} \quad .$$

NB:

Die meisten realen Körper sind in begrenzten Beanspruchungsbereichen annähernd linearelastisch ; z.B. Stahl : $E = 2{,}1 \cdot 10^6 \ \frac{kp}{cm^2}$.

Es wird später gezeigt (s. Anhang, Seite 120), daß zwischen E, G, μ der Zusammenhang

$$G = \frac{E}{2(1+\mu)}$$

besteht.

b) Das Superpositionsprinzip.

Für mathematische Behandlung physikalischer Zusammenhänge ist folgende Betrachtung von großer Bedeutung .

Die Linearität der obigen Zusammenhänge
erlaubt, mehrere Einflüsse überlagert (superponiert) zu denken, bzw. einen gegebenen Sachverhalt willkürlich aus der Überlagerung einfacherer entstanden zu denken :

Betrachten wir das z.B. an unserem „Hookeschein Gesetz".

Es seien hier zwei Vorgänge in gleicher Richtung :

Aus $\varepsilon_a = \frac{1}{E}\,\sigma_a$ und $\varepsilon_b = \frac{1}{E}\,\sigma_b$

folgt durch Überlagerung richtig

$$\varepsilon = \varepsilon_a + \varepsilon_b = \frac{1}{E}\,(\sigma_a + \sigma_b) \;.$$

Solche Überlagerung (Superposition) wäre nicht möglich bei nichtlinearen Gesetzmäßigkeiten. Wäre etwa

$$\varepsilon_a = \frac{1}{E}\,\sigma_a^2 \qquad \text{und} \qquad \varepsilon_b = \frac{1}{E}\,\sigma_b^2 \;,$$

so müßte richtig sein

$$\varepsilon = \frac{1}{E}\,(\sigma_a + \sigma_b)^2 \;.$$

Der Überlagerungsversuch würde aber unrichtigerweise ergeben:

$$\varepsilon = \varepsilon_a + \varepsilon_b = \frac{1}{E}\,(\sigma_a^2 + \sigma_b^2) \;;$$

unrichtig deshalb, weil

$$(\sigma_a + \sigma_b)^2 \neq \sigma_a^2 + \sigma_b^2 \;.$$

c) Quaderförmiges Körperelement, beansprucht durch Normalspannungen in Richtungen der Symmetrieachsen.

Aus den Gleichungen auf Seite 23 folgt, daß sich die Dehnung ε_1 in Achsenrichtung (1) aus folgenden Anteilen (Überlagerung – Superposition) zusammensetzt:

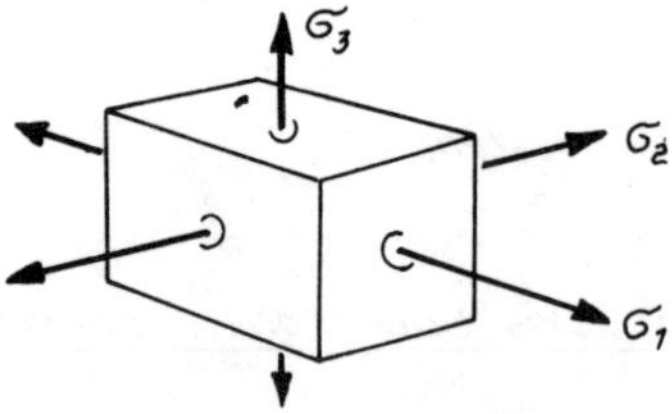

$$\frac{1}{E}\cdot\sigma_1 \;;\; -\mu\frac{1}{E}\,\sigma_2 \;;\; -\mu\frac{1}{E}\cdot\sigma_3 \;.$$

Somit:

$$\varepsilon_1 = \frac{1}{E}\left[\sigma_1 - \mu\,(\sigma_2 + \sigma_3)\right] \;,$$

$$\varepsilon_2 = \frac{1}{E}\left[\sigma_2 - \mu\,(\sigma_1 + \sigma_3)\right] \;,$$

$$\varepsilon_3 = \frac{1}{E}\left[\sigma_3 - \mu\,(\sigma_1 + \sigma_2)\right] \;.$$

Löst man nach den Spannungen auf, so erhält man

$$\sigma_1 = \frac{E}{(1+\mu)(1-2\mu)}\cdot\left[(1-\mu)\,\varepsilon_1 + \mu\,(\varepsilon_2 + \varepsilon_3)\right]$$

und entsprechend für die anderen Achsenrichtungen.

Zwischen welchen Grenzen können die Größen μ verschiedener Materialien liegen ?

<u>Grenzfall 1.</u> : $\mu = 0$, keine Querdehnung .

<u>Grenzfall 2.</u> :

Plastisches Materialvolumenverhalten, d.h. unveränderte Materialvolumengröße, $\Delta V = 0$, bei Deformation :

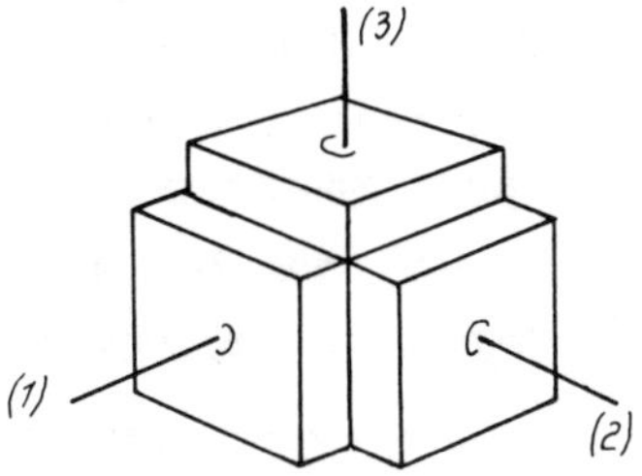

Das ist, bis auf Größen, die von höherer Ordnung klein sind :

$\Delta V = V\varepsilon_1 + V\varepsilon_2 + V\varepsilon_3 = 0$;

da $V \neq 0$: $\varepsilon_1 + \varepsilon_2 + \varepsilon_3 = 0$.

Obige Gleichungen eingesetzt :

$$1 \cdot (\sigma_1 + \sigma_2 + \sigma_3) - 2\mu\,(\sigma_1 + \sigma_2 + \sigma_3) = 0 \ .$$

Das ist für alle σ_i erfüllt, wenn $1 - 2\mu = 0$,

d.h. $\underline{\mu = \frac{1}{2}}$, der größte mögliche μ - Wert.

z.B. Stahl : $\mu = 0{,}3$.

<u>d) Aufgaben, Beispiele</u>

Ein <u>Beispiel</u> für die Anwendung des „Hookeschen Gesetzes" (bei uns GA 1a, Seite 19) $\frac{F}{A} = E\,\frac{\Delta l}{l}$ auf Stäbe eines Stabwerkes.

Gegeben : Stabwerk laut Skizze, dazu Längen der Stäbe l_1 ; l_2 , Querschnitte der Stäbe A_1 ; A_2 . Elastizitätsmodul des Materials E , Winkel α und Last G .

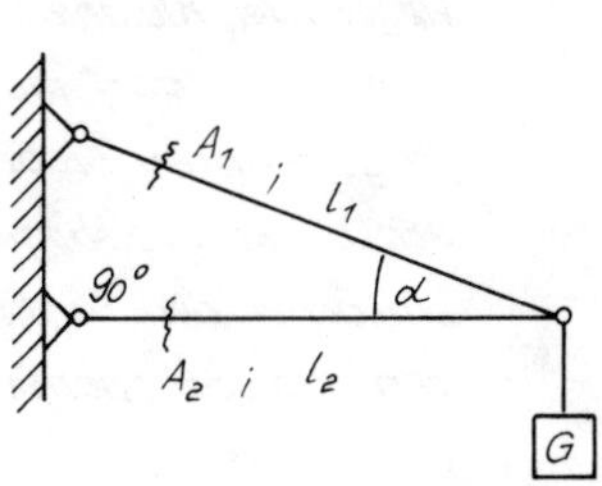

Gesucht : Senkung des Knotenpunktes unter der Einwirkung

der Last (Vertikalverschiebung).

Lösung:

1) Stabkräfte.

Da die Verschiebungen relativ klein zu den Abmessungen der Konstruktionsteile sind, können die Stabkräfte ohne Berücksichtigung der Deformationen ermittelt werden.

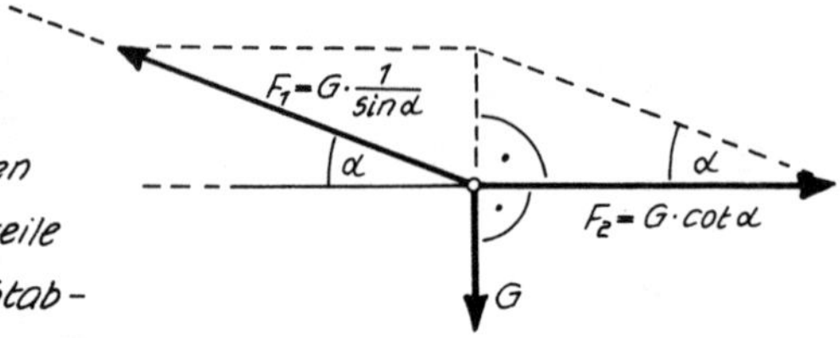

2) Längenänderungen der einzelnen Stäbe.

Stab ①: Verlängerung: $\Delta l_1 = l_1 \frac{F_1}{A_1 E} = l_1 \frac{G}{A_1 E \sin\alpha}$.

Stab ②: Verkürzung: $\Delta l_2 = l_2 \frac{F_2}{A_2 E} = l_2 \frac{G \cot\alpha}{A_2 E}$.

3) Geometrische Neukonfiguration des nunmehr belasteten — also deformierten — Systems.

Die Stäbe mit veränderter Länge müssen nun um ihre Wandgelenke gedreht gedacht werden, damit ihre Enden in der neuen Knotenpunktlage zusammenpassen.
Wegen der Kleinheit der Drehwinkel darf man die freigemachten Stabenden statt den Kreisbögen, einfacher den Senkrechten zur Stabachse folgen lassen.

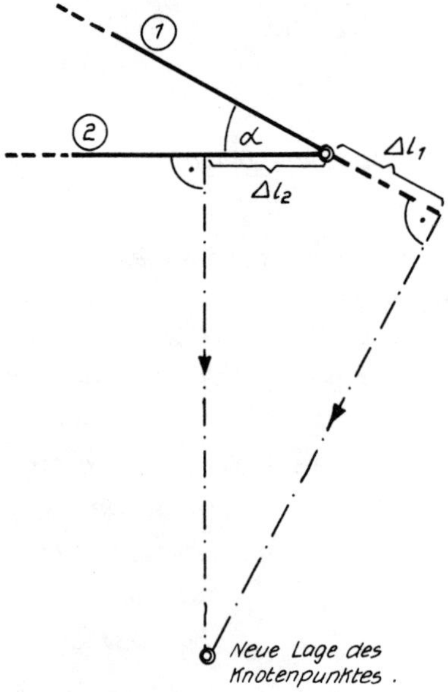

Jm einzelnen sind hier die geometrischen Beziehungen also :

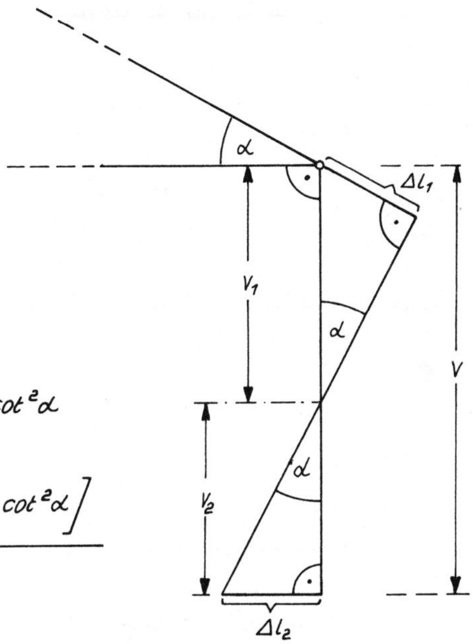

Gesamte Senkung

$$v = v_1 + v_2$$

$$= \frac{\Delta l_1}{\sin\alpha} + \Delta l_2 \cot\alpha$$

$$= \frac{G l_1}{A_1 E \sin^2\alpha} + \frac{G l_2}{A_2 E} \cot^2\alpha$$

$$v = \frac{G}{E}\left[\frac{l_1}{A_1 \sin^2\alpha} + \frac{l_2}{A_2}\cot^2\alpha\right]$$

<u>Aufgabe</u> :

Ein Körper wird in einer Achsenrichtung (nennen wir diese Achsenrichtung (1)) belastet, $\sigma_1 = \frac{F}{A}$.
Durch starres Umschließen wird die Querdehnung vollständig behindert.

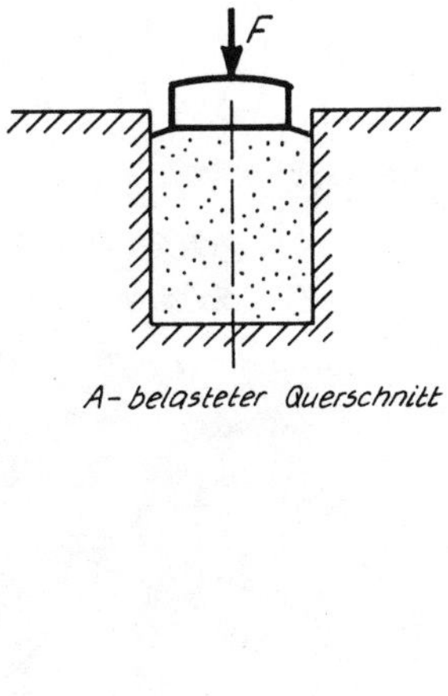

A - belasteter Querschnitt

<u>Gesucht</u> : Zusammenhang zwischen σ_1 und ε_1.

E, μ gegeben.

<u>Lösung</u> :

Aus der obigen Gleichung (s. Seite 24)

$$\sigma_1 = \frac{E}{(1+\mu)(1-2\mu)}\left[(1-\mu)\cdot\varepsilon_1 + \mu(\varepsilon_2+\varepsilon_3)\right]$$

Wird hier, durch Aufzwingung von $\varepsilon_2 + \varepsilon_3 = 0$,

$$\sigma_1 = \frac{E(1-\mu)}{(1+\mu)(1-2\mu)} \cdot \varepsilon_1$$

Will man hier an die Vorstellung einer nur einachsigen Betrachtung anschließen, $\sigma = E_1 \cdot \varepsilon$,

so könnte man $E_1 = E \dfrac{1-\mu}{(1+\mu)(1-2\mu)} > E$ als einen scheinbaren Elastizitätsmodul eines steifer erscheinenden und nicht querbehinderten Körpers ansehen.

Beispiel:

Spannungen in der Wand eines relativ dünnwandigen, zylindrischen Druckkessels, in dem der Überdruck p herrscht.

1. Tangentiale Spannung

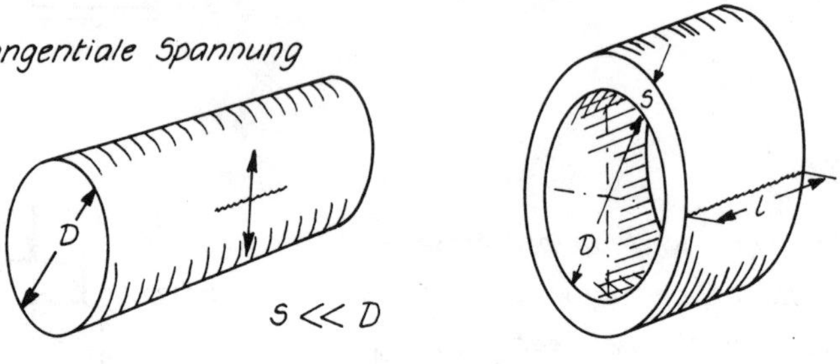

Wir betrachten einen Abschnitt des Zylinders von der Länge l. Ein Schnitt kann an einer beliebigen Stelle gewählt werden. Jn dem ihm diametral gegenüberliegendem Schnitt werden die gleichen Verhältnisse herrschen.

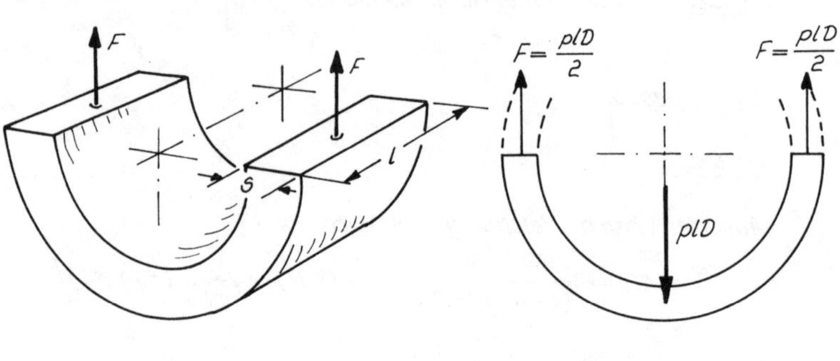

Wir wissen, daß der Druck p eine Kraft von der Größe plD auf den betrachteten Teil des Kessels ausübt. Dieser Körper ist im Gleichgewicht. Also muß $F = \frac{plD}{2}$ sein. Die Fläche, an der F angreift ist $A = s \cdot l$.

Somit ist die Spannung $\sigma_t = \frac{F}{A} = \frac{plD}{2s \cdot l}$

$$\boxed{\sigma_t = \frac{pD}{2s}}$$

2. Axiale Spannung.

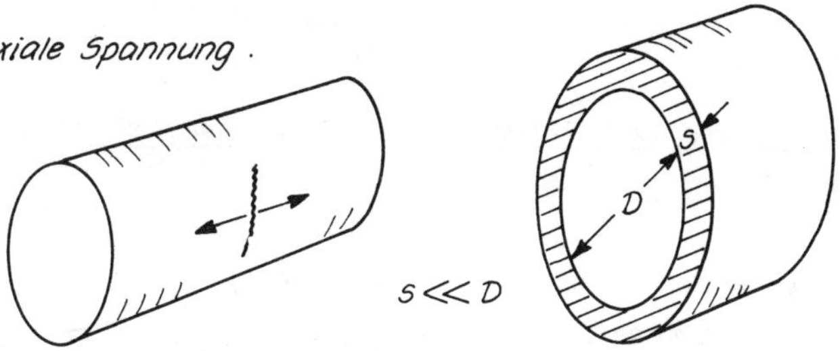

Die Kraft auf die Stirnwand des Kessels ist $F_a = p \cdot \frac{\pi}{4} D^2$

Der Blechquerschnitt ist

$$A_a = (D+s)\pi \cdot s \approx D \cdot \pi \cdot s \quad .$$

Somit ist die Axialspannung

$$\sigma_a = \frac{F_a}{A_a} = \frac{p \cdot \pi \cdot D^2}{4 \cdot D \pi s} \quad .$$

$$\boxed{\sigma_a = \frac{pD}{4s}}$$

Aufgabe:

Um welche Größe verändert sich die Länge l des Zylindermantels eines dünnwandigen Druckbehälters unter der Einwirkung des Jnnendruckes p?

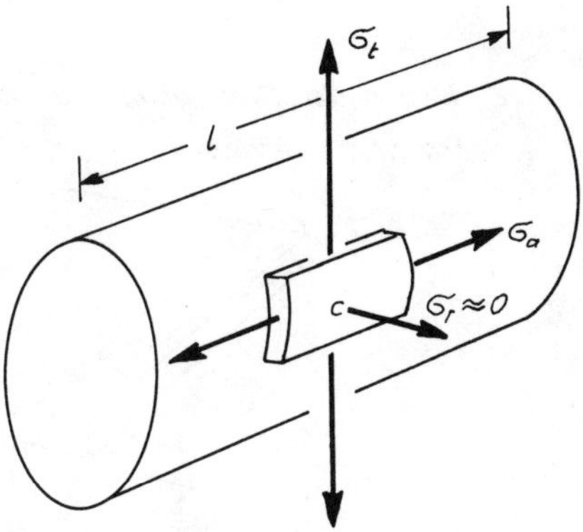

Die Spannungs- Dehnungsgleichungen , vgl. Seite 24 , ergeben hier sofort mit den Größen des vorangegangenen Beispiels :

$$\Delta l = l \cdot \varepsilon_a = l \frac{1}{E} \left[\sigma_a - \mu \left(\sigma_t + \sigma_r \right) \right] \; ; \qquad \text{hier ist } \sigma_r \approx 0 \, .$$

$$= l \cdot \frac{1}{E} \left[\frac{pD}{4s} - \mu \frac{pD}{2s} \right]$$

$$\underline{\Delta l = l \cdot \frac{pD}{E \cdot 4s} \left[1 - 2\mu \right]} \, .$$

Torsion als Beispiel einer Scherungsverformung : Verdrehung eines dünnwandigen Zylinders.

Dünnwandiger Zylinder wird vom Moment M angegriffen und somit verdrillt.

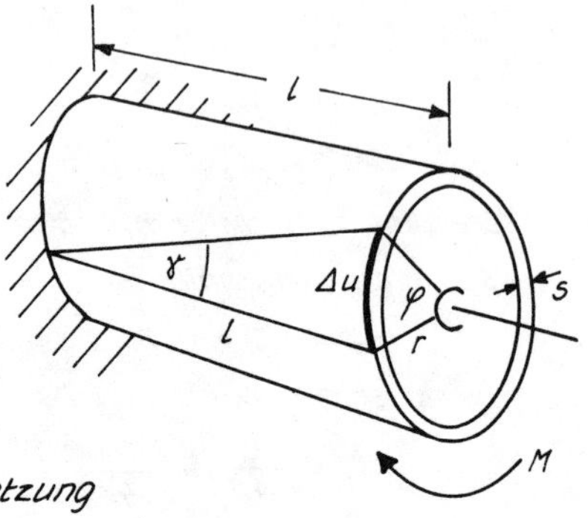

1. Geometrische Beziehungen zwischen dem Torsionswinkel φ (Winkelversetzung der zwei Stirnseiten gegeneinander) und dem Scherungswinkel der Zylinderwand :

$$l \cdot \gamma = r \cdot \varphi = \Delta u \; ,$$

$$\underline{\varphi = \gamma \frac{l}{r}} \, .$$

2. Wegen der Drehsymmetrie darf die Abwicklung betrachtet werden :

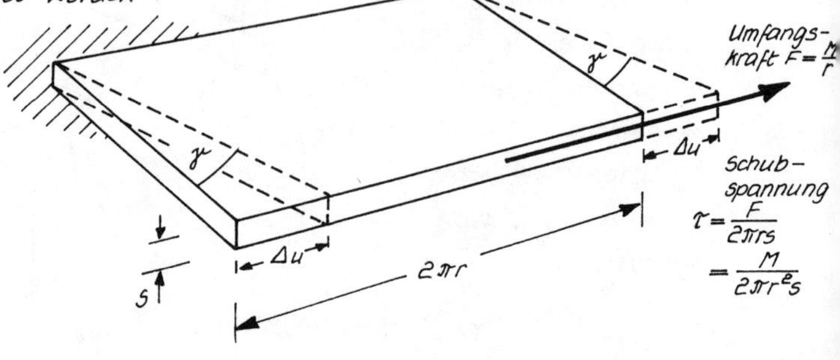

3. Schubspannung : $\tau = \frac{F}{2\pi r s} = \frac{M}{2\pi r^2 s} = \frac{M}{W_{pol}}$.

Diesen Ausdruck werden wir auch für auf Torsion beanspruchte Körper mit anderen Querschnitten als schmaler Kreisring entwickeln. Die Größe W_{pol} heißt allgemein „polares Widerstandsmoment". Hier in diesem Falle ist $W_{pol} = 2\pi r^2 s$.

4. Mit $\gamma = \frac{\tau}{G} = \frac{M}{G 2\pi r^2 s}$ ist der Torsionswinkel :

$$\varphi = \gamma \frac{l}{r} = \frac{M \cdot l}{G \cdot 2\pi r^3 s} = \frac{M \cdot l}{G \cdot J_{pol}}$$

Diesen Ausdruck werden wir auch für tordierte Körper mit anderen Querschnitten entwickeln. Die Größe J_{pol} heißt allgemein „Polares Trägheitsmoment". Hier in diesem Falle ist also $J_{pol} = 2\pi r^3 s$.

3. Lösbarkeit statisch unbestimmter Probleme durch Berücksichtigung der Deformierbarkeit der Körper.

Jm Band I — „Statik" — sahen wir uns außerstande, noch unbekannte Kräfte in einem System zu ermitteln, in dem die Zahl dieser Unbekannten die Zahl der verfügbaren Gleichungen übersteigt. Die Bestimmungsgleichungen waren dort Gleichgewichtsbedingungen und gegebenenfalls Ausdrücke geometrischer Beziehungen unter den Kräften im System. Solche Systeme nannten wir ‚statisch unbestimmt'. Deformationen der beteiligten Strukturelemente standen dort nicht in Betracht.

Nun werden wir durch Berücksichtigung der Deformationen der Strukturelemente zusätzlich Bestimmungsgleichungen gewinnen und somit auch in statisch unbestimmten Systemen unbekannte Kräfte errechnen können. Diese zusätzlichen Gleichungen drücken Deformationsbedingungen aus : Zusammenhänge zwischen Deformationen der Strukturelemente, wie sie durch die Struktur des vorliegenden Systems erzwungen sind.

Das einfachste Beispiel hierzu ist das folgende :

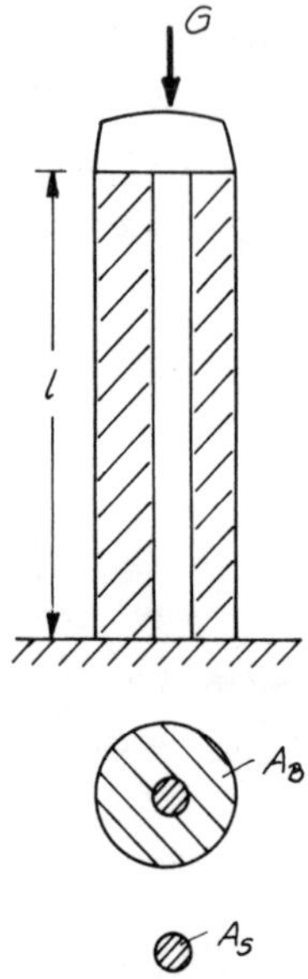

Axial belastete armierte Säule :

A_B – Betonquerschnitt ,
A_S – Stahlquerschnitt ,
G – Gesamtlast .
E_B – Elastizitätsmodul des Betons ,
E_S – Elastizitätsmodul des Stahls .

Wie verteilt sich die Gesamtlast G auf Beton bzw. Stahl ? F_B ? ; F_S ?

Da nur einachsig belastet wird, erhalten wir als Gleichgewichtsbedingungen nur eine einzige Gleichung :

$$F_B + F_S = G \quad .$$

Zwei Unbekannte F_B, F_S , aber nur eine Gleichung ! Mit Hilfe der „Statik starrer Körper" — wie der (falsche) [1] Ausdruck oft heißt — ist diese Aufgabe also nicht lösbar .

Hier aber haben wir durchaus die Möglichkeit, eine weitere Bestimmungsgleichung (die zweite für zwei Unbekannte) hinzuzugewinnen : Armierung und Beton sind zur gleichen Längenänderung gezwungen.
Die Deformationsbedingung lautet im vorliegenden System also :

$$\Delta l_B = \Delta l_S$$

Nach der GA 1 , Seite 19 :

$$\frac{F_B}{A_B E_B} \cdot \cancel{l} = \frac{F_S}{A_S E_S} \cdot \cancel{l} \qquad (2)$$

Somit

$$F_B + F_S = G \qquad (1)$$

$$\frac{1}{A_B E_B} \cdot F_B + \frac{1}{A_S E_S} \cdot F_S = 0 \qquad (2)$$

woraus sich die eindeutige Lösung ergibt :

$$F_B = G \frac{A_B E_B}{A_B E_B + A_S E_S} \qquad F_S = G \frac{A_S E_S}{A_B E_B + A_S E_S}$$

$$F_B = G \frac{1}{1 + \frac{A_S E_S}{A_B E_B}} \qquad F_S = G \frac{1}{\frac{A_B E_B}{A_S E_S} + 1}$$

---

1) Gemeint ist dort nicht die Forderung absoluter Starrheit, sondern die Tatsache, daß Deformationen nicht in Rechnung gestellt werden .

Ein weiteres elementares Beispiel für die Bewältigung der statischen Unbestimmtheit :

Der Winkelkörper sei als relativ starr voraussetzbar.

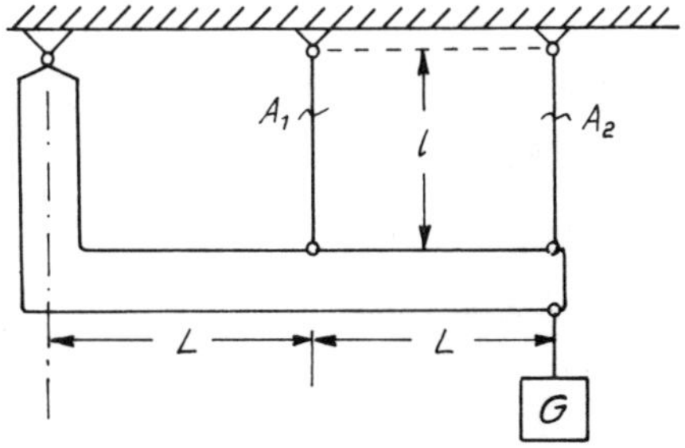

Gegeben :

Drahtlängen l ,
Drahtquerschnitte A_1 ; A_2 ,
Elastizitätsmodul des Drahtmaterials E ,
Last G .

Gesucht :

Kraft F_2 , mit welcher der Draht ② bei einer Belastung des Systems beansprucht wird .

Lösung :

Die Momentgleichung liefert sofort

$$F_1 \cdot L + F_2 \cdot 2L = G \cdot 2L \qquad (1)$$

Eine Betrachtung des Kräftegleichgewichts vertikal brächte zwar eine weitere Gleichung , aber auch eine neue – unerwünschte – Unbekannte, nämlich die Kraft im Gelenk , also keinen Gewinn .

Zwei Unbekannte F_1 ; F_2 , aber nur eine Gleichung. Das System ist einfach statisch unbestimmt , denn es fehlt noch eine Gleichung.

Wir werden jetzt eine weitere Gleichung aus folgender Deformationsbedingung gewinnen :

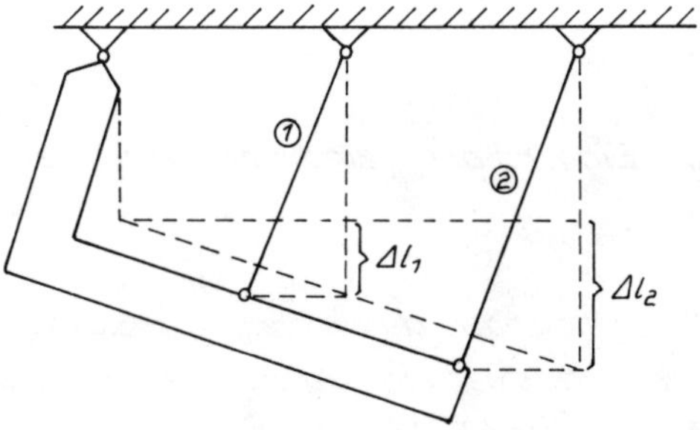

Wegen der Kleinheit des Drehwinkels ist die seitliche Verschiebung der unteren Drahtenden unwesentlich für Längenänderungen der Drähte. Somit folgt hier einfach aus dem Strahlensatz :

$$\Delta l_2 = 2 \cdot \Delta l_1 \qquad (2)$$

Setzt man hier $\Delta l = l \frac{F}{AE}$ ein, so ergibt das

$$\not{l}\,\frac{F_2}{A_2\,\not{E}} = 2\cdot\not{l}\,\frac{F_1}{A_1\,\not{E}} \qquad (2)$$

Aus den beiden Gleichungen mit zwei Unbekannten

$$F_1 + 2\cdot F_2 = 2G \qquad (1)$$

$$2\frac{1}{A_1}\cdot F_1 - \frac{1}{A_2}\cdot F_2 = 0 \qquad (2)$$

erhält man sofort eindeutig :

$$F_2 = G\cdot\frac{1}{1+\frac{1}{4}\cdot\frac{A_1}{A_2}}$$

N.B. :

1) Fehlen nach Aufstellung der Gleichgewichtsbedingungen und gegebenenfalls kräftegeometrischer Beziehungen noch n Gleichungen, die durch n-Deformationsbedingungen zu gewinnen sind, so nennt man das System n-fach statisch unbestimmt. (Jn den obigen Beispielen : einfach statisch unbestimmt.)

2) Ein anschauliches Charakteristikum der statischen Unbestimmtheit besteht in der Vorstellung, daß man ein solches System — im Gegensatz zum statisch bestimmten — in sich verspannen, einzelne Strukturelemente gegeneinander vorspannen kann. Etwa im ersten der obigen Beispiele : Spannbeton.

4. Einachsiger (eindimensional erzeugter) Spannungszustand.

Dieser besonders durchsichtige Spezialfall soll — zur leichten Erfassung — den nachfolgenden allgemeineren Spannungszuständen vorausgehen : Ein Stab sei in Längsrichtung beansprucht.

Gegeben :

Querschnitt A_0 und Längskraft F.

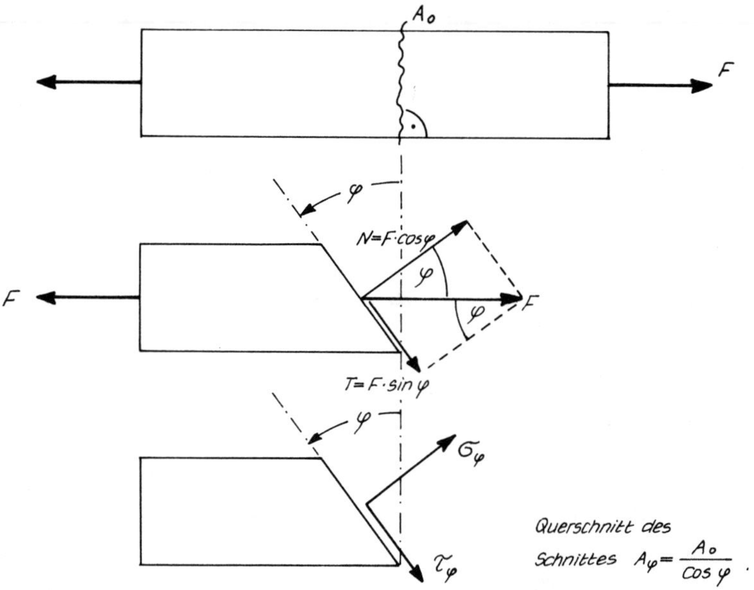

Gefragt wird nach den Spannungen in einem zur Zeichenebene senkrechten, aber sonst beliebig schräg liegend gedachten Schnitt.

Normalspannung : $$\sigma_\varphi = \frac{N}{A_\varphi} = \frac{F \cdot \cos\varphi}{\dfrac{A_0}{\cos\varphi}} = \frac{F}{A_0}\cos^2\varphi$$

Schubspannung : $$\tau_\varphi = \frac{T}{A_\varphi} = \frac{F \cdot \sin\varphi}{\dfrac{A_0}{\cos\varphi}} = \frac{F}{A_0}\sin\varphi\cos\varphi \,.$$

Mit den trigometrischen Jdentitäten soll das noch etwas umgeformt werden, um zu einer bequemen geometrischen Darstellung zu gelangen:

Mit $\cos^2\varphi = \dfrac{\cos 2\varphi + 1}{2}$; $\sin\varphi\cos\varphi = \dfrac{1}{2}\sin 2\varphi$ folgt

$$\boxed{\begin{aligned} \sigma_\varphi &= \frac{1}{2} \cdot \frac{F}{A_0}\cos 2\varphi + \frac{1}{2} \cdot \frac{F}{A_0} \\ \tau_\varphi &= \frac{1}{2} \cdot \frac{F}{A_0}\sin 2\varphi \end{aligned}}$$

Diese letzte Umformung führt zu dem in der Praxis sehr beliebten

Mohrschen Spannungskreis :

Für den vorliegenden Spezialfall ist :

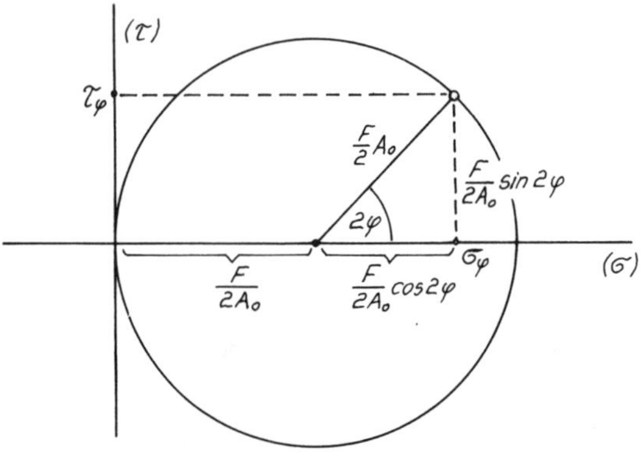

Variiert man also den Schnittwinkel φ (d.h. Schnitte unter verschiedenen Winkeln) so ist jeder solchen Schnittlage ein bestimmter Punkt dieses Kreises eindeutig zugeordnet. Die Koordinaten dieses Punktes sind die zwei Spannungsgrößen in dem betrachteten Schnitt σ_φ, τ_φ. Ein sehr bequemes Diagramm! Für die Eineindeutigkeit muß man lediglich den Vorzeichensinn der Schubspannung τ_φ vereinbaren und einhalten. Bei dieser Darstellung haben wir vereinbart :

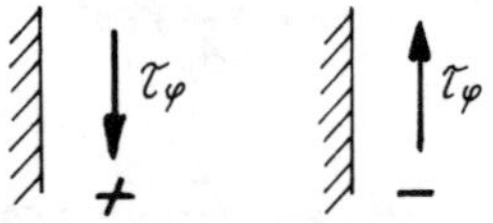

Jm Uhrzeigersinn außen am herausgetrennten (betrachteten) Körperausschnitt entlang : **+** .

Jm Gegenuhrzeigersinn : **—** .

Die Vorzeichenwechsel der trigonometrischen Funktionen sorgen für die automatischen Umschläge des Vorzeichens von τ_φ. Denn in $\tau_\varphi = \frac{1}{2}\frac{F}{A_0}\sin 2\varphi$ wechselt $\sin 2\varphi$ sein Vorzeichen nach Durchlaufen des Winkels von $90°$.

5. Zweiachsiger (zweidimensional erzeugter) Spannungszustand

a) Satz von der Gleichheit rechtwinklig zugeordneter Schubspannungen

Es sei ein rechtwinkliges Körperelement aus einer in ihrer Ebene beanspruchten

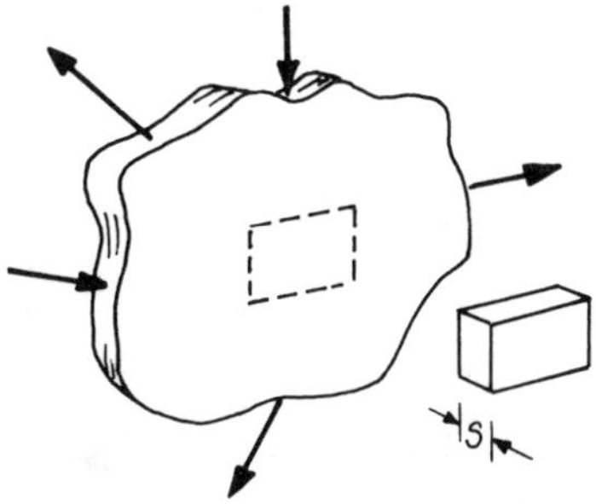

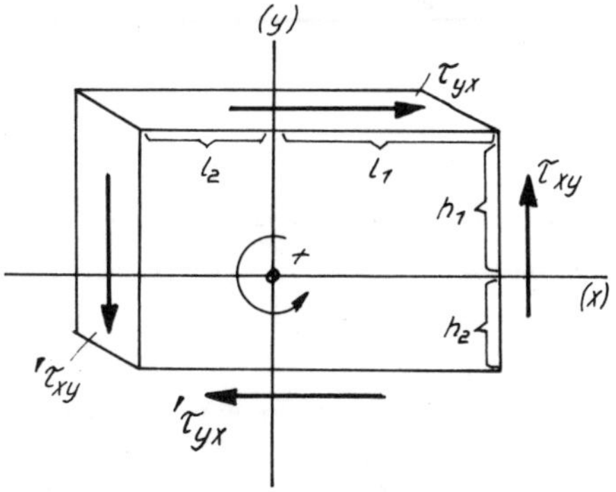

Platte herausgegriffen gedacht. Es werde an ihm das <u>Gleichgewicht der Momente betrachtet</u>. Kräfte infolge Normalspannungen üben keine Momente aus, daher bleibt es nur, Schubspannungen zu betrachten.

$\Sigma M = 0$ lautet hier:

$$-\tau_{yx}\cdot s(l_1+l_2)\cdot h_1+\tau_{xy}\cdot s(h_1+h_2)\cdot l_1-{}'\tau_{yx}\cdot s(l_1+l_2)\cdot h_2+{}'\tau_{xy}\cdot s(h_1+h_2)\cdot l_2=0\,.$$

Umgeordnet:

$$(\tau_{yx}-\tau_{xy})l_1h_1+(\tau_{yx}-{}'\tau_{xy})l_2h_1+({}'\tau_{yx}-{}'\tau_{xy})l_2h_2+({}'\tau_{yx}-\tau_{xy})h_2l_1=0$$

Nun muß diese Gleichung bei beliebigen Wertzusammensetzungen $l_i \cdot h_k$ gelten, was nur dann möglich ist, wenn jede Klammer für sich verschwindet. Somit:

$$\tau_{yx}=\tau_{xy}\,;\quad \tau_{yx}={}'\tau_{xy}\,;\quad {}'\tau_{yx}={}'\tau_{xy}\,;\quad {}'\tau_{yx}=\tau_{xy}\,.$$

Da in der obigen Momentgleichung Minus entgegengesetzten Umlaufsinn bedeutet, liegt hier jeweils entgegengesetzter Umlaufsinn vor.

Zusammenfassend folgt der <u>Satz von der Gleichheit rechtwinklig zugeordneter Schubspannungen</u>:

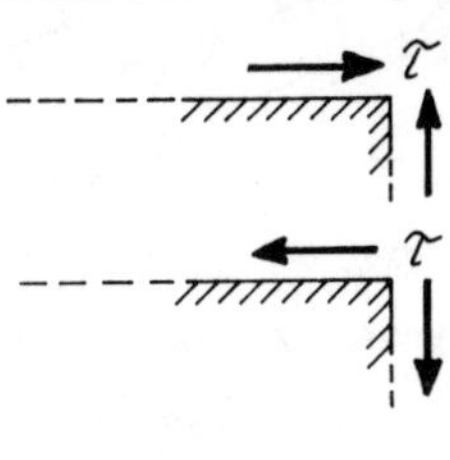

An zwei zueinander senkrechten Schnittflächen eines herausgeschnitten gedachten Körperelementes greifen Schubspannungen gleichen Betrages an, entweder beide auf die Kante zu, oder beide von der Kante fort gerichtet.

Solcher Fall ist <u>nicht</u> möglich :

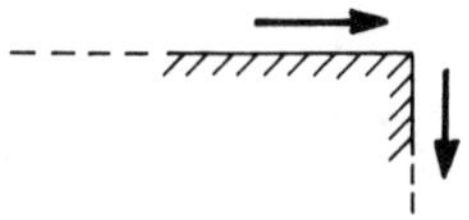

Zur Erleichterung der Vorstellbarkeit des Satzes von den rechtwinklig zugeordneten Schubspannungen ein <u>Modell</u> : (vgl. S. 30)

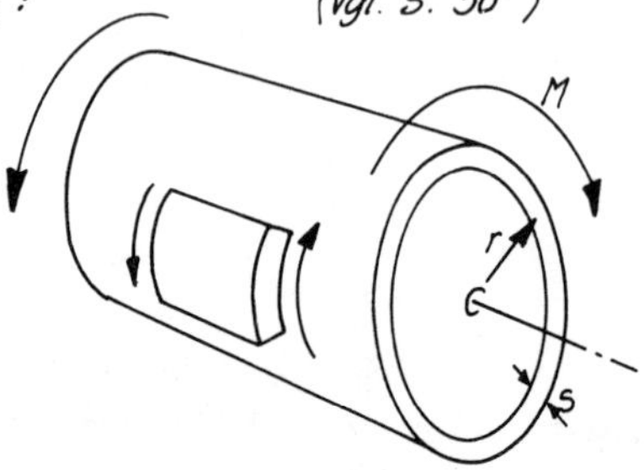

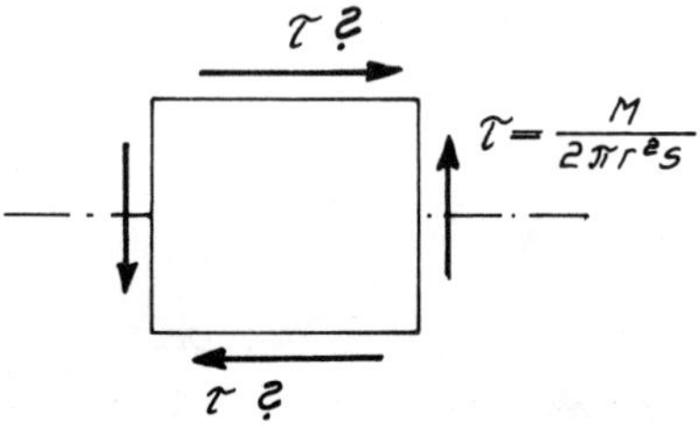

Ein dünnwandiger Zylinder sei von einem Moment tordiert. Man denke sich ein Körperelement innerhalb der Zylinderwand in Gedanken herausgestellt. Jn einem stirnseitig gesehenen Materialquerschnitt (Kreisring) ist die Schubspannung

$$\tau = \frac{\text{Umfangskraft}}{\text{scherend angegriffener Materialquerschnitt}} = \frac{\frac{M}{r}}{2\pi r s} = \frac{M}{2\pi r^2 s} .$$

Nach dem vorhin hergeleiteten Satz muß es auch in <u>Längs</u>schnitten der Zylinderwand gleich große Schubspannungen geben. Auf den ersten Blick mutet letzteres unsinnig an, da doch in Längsrichtung des Zylinders keinerlei Kraftangriff erfolgt.

Dann mache man sich folgendes grobe Modell :

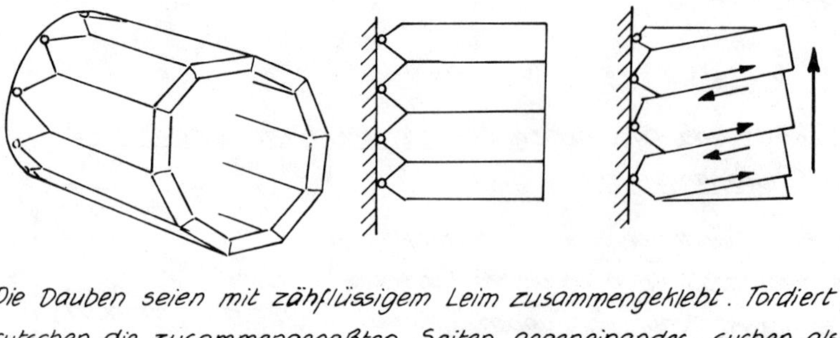

Die Dauben seien mit zähflüssigem Leim zusammengeklebt. Tordiert, rutschen die zusammengepaßten Seiten gegeneinander, suchen also einen Schub aufeinander in Längsrichtung auszüben (siehe die Ecken !).

Nun leuchten uns Schubspannungen in Längsrichtung in diesem Modell ein. Zu diesem Modell siehe auch weiter Seite 44 .

b) Schnittwinkelabhängigkeit der Spannungen, Mohrscher Spannungskreis .

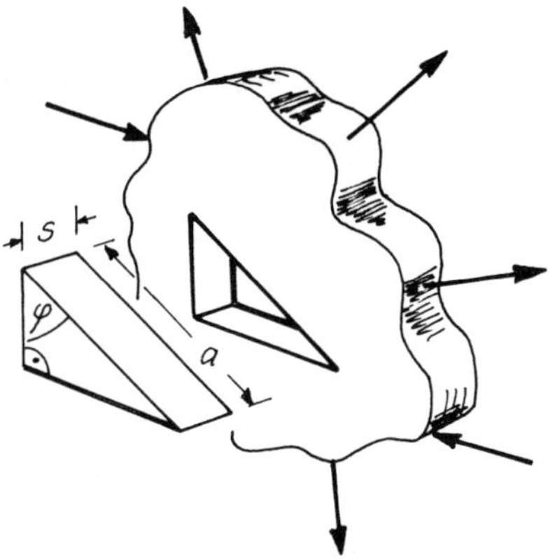

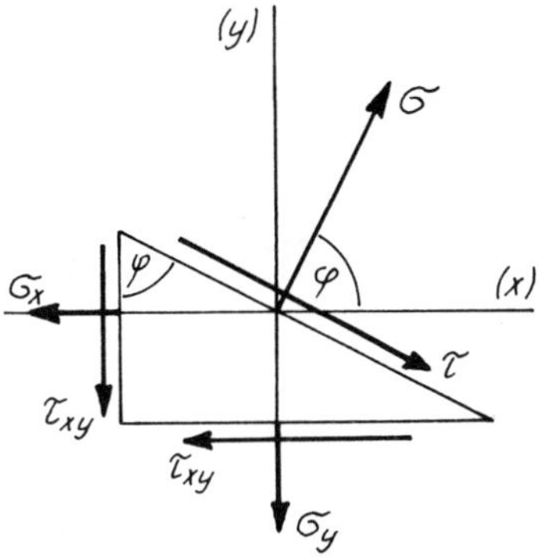

Es soll das Gleichgewicht der Kräfte an einem Körperelement eines zweidimensional charakterisierten Systems (eben beanspruchte Platte) betrachtet werden. Dazu wird im Körper ein Koordinatenachsensystem fixiert und die Spannungsgrößen σ, τ in einem gegen die Achsenrichtungen beliebig gedreht liegenden Schnitt ausgedrückt.

Die Kräfte am prismatischen, herausgeschnitten gedachten Körperelement ergeben sich, wie das nebenstehende Beispiel für die Stirnseite der x-Achsenrichtung zeigt.

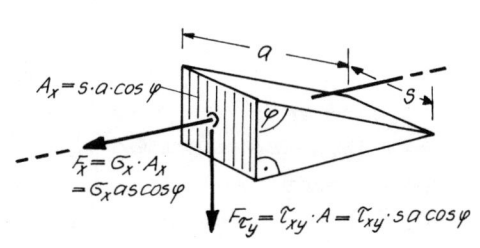

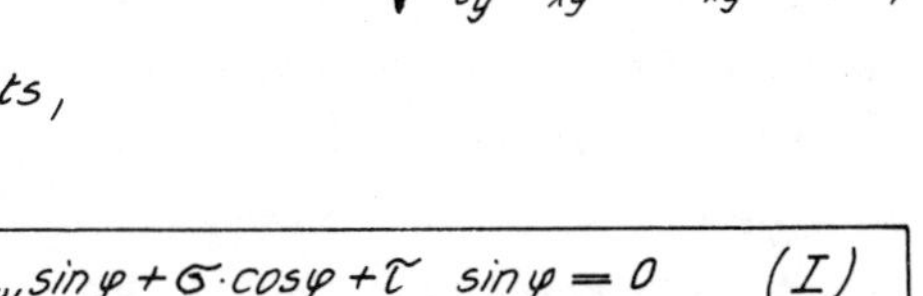

Gleichgewicht des Körperelements, nach Kürzung durch $a \cdot s$:

$$\Sigma F_x = 0 : \quad -\sigma_x \cos\varphi - \tau_{xy} \sin\varphi + \sigma \cdot \cos\varphi + \tau \sin\varphi = 0 \qquad (I)$$

$$\Sigma F_y = 0 : \quad -\sigma_y \sin\varphi - \tau_{xy} \cos\varphi + \sigma \cdot \sin\varphi - \tau \cos\varphi = 0 \qquad (II)$$

Auflösung nach σ ergibt

$$\boxed{\sigma = \sigma_x \cos^2\varphi + 2\,\tau_{xy} \sin\varphi \cos\varphi + \sigma_y \sin^2\varphi}$$

Auflösung nach τ ergibt

$$\boxed{\tau = (\sigma_x - \sigma_y) \sin\varphi \cos\varphi + \tau_{xy} (\sin^2\varphi - \cos^2\varphi)}$$

Mit den Jdentitäten

$$\cos^2\varphi = \frac{\cos 2\varphi + 1}{2} \; ; \qquad \sin^2\varphi = \frac{1 - \cos^2\varphi}{2} \; ; \qquad 2 \sin\varphi \cdot \cos\varphi = \sin 2\varphi$$

können diese letzten Gleichungen linearisiert werden und ergeben :

$$\sigma = \frac{\sigma_x + \sigma_y}{2} + \frac{\sigma_x - \sigma_y}{2} \cos 2\varphi + \tau_{xy} \sin 2\varphi \qquad \text{(Ia)}$$

$$\tau = \frac{\sigma_x - \sigma_y}{2} \sin 2\varphi - \tau_{xy} \cos 2\varphi \qquad \text{(IIa)}$$

Hauptachsen, Hauptspannungen.

Aus der letzten Gleichung ersehen wir, daß es stets zwei zueinander senkrechte Schnittwinkel gibt, welche schubspannungsfreie Schnitte ergeben :

Die Forderung $\tau = 0$ beantwortet diese letzte Gleichung mit

$$\frac{\sin 2\varphi}{\cos 2\varphi} = \tan 2\varphi^* = \frac{2\,\tau_{xy}}{\sigma_x - \sigma_y}$$

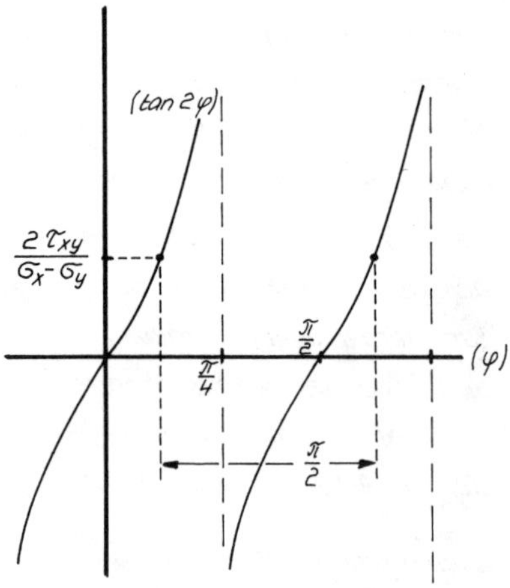

Eine Bestimmungsgleichung für diese besonderen φ-Werte $\varphi = \varphi^*$, die immer Lösungen hat, welche sich alle weiteren $\frac{\pi}{2} \triangleq 90°$ wiederholen. Jn den so liegenden Schnitten wirken nur Normalspannungen, keine Schubspannungen. Diese Normalspannungen haben den größten bzw. den kleinsten an dieser Materialstelle auftretenden Betrag, wie wir sogleich sehen werden. Man nennt sie die <u>Hauptspannungen</u> σ_1, σ_2, ihre Achsenrichtungen: <u>Hauptachsen</u> (1), (2).

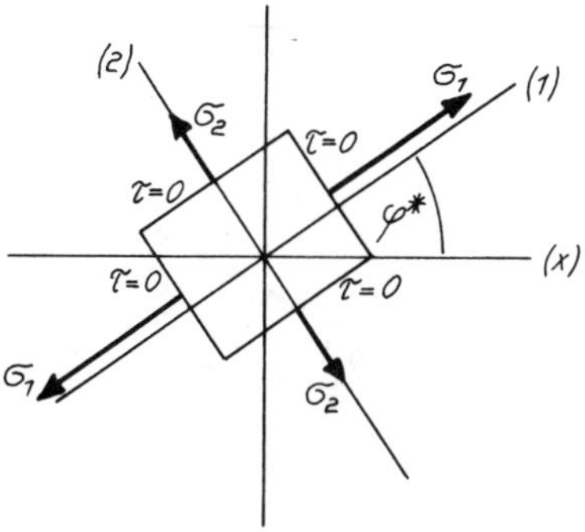

Wir wollen nun die Gleichungen Ia, IIa auf diese Achsen — die Hauptachsen (1), (2) — beziehen. Hier gilt dann $\tau_{1,2} = 0$ und die Gleichungen vereinfachen sich zu

(Ib) $$\sigma = \frac{\sigma_1 + \sigma_2}{2} - \frac{\sigma_1 - \sigma_2}{2} \cos 2\varphi$$

(IIb) $$\tau = \frac{\sigma_1 - \sigma_2}{2} \sin 2\varphi$$

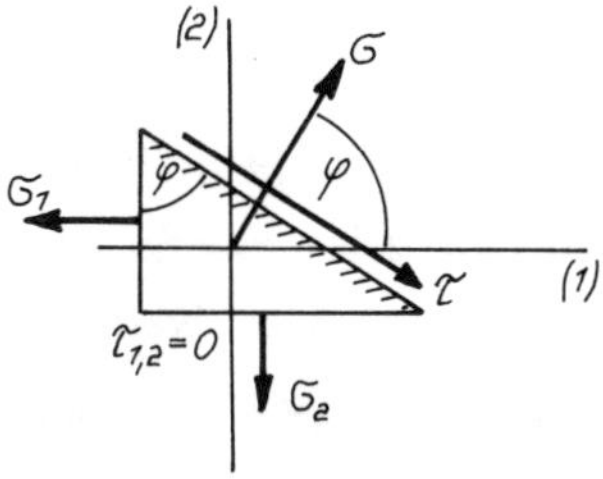

<u>N.B.</u>:

Werden die Indizes 1, 2 in dieser Reihenfolge gesetzt (also ..$\sigma_1 - \sigma_2$..), so ist φ der Winkel, um den die Richtung von σ aus der Richtung (1), d.h. aus der Richtung von σ_1, gedreht ist.

Diese Gleichungen lassen sich sofort in einem bequemen Diagramm abbilden:

Es ist der „<u>Mohrsche Spannungskreis</u>", den wir bereits in einem einfacheren Spezialfall auf Seite 36 kennengelernt haben.

In einem gegebenen Fall — an einer gegebenen Stelle im Material — wird jeder Schnittrichtung ein Punkt im Diagramm — und umgekehrt: jedem Punkt auf dem Kreis im Diagramm eine Schnittrichtung im Material — zugeordnet.

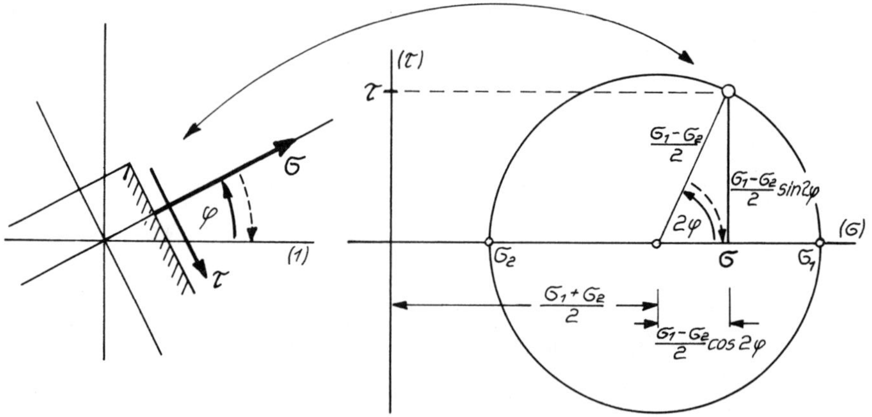

Noch sinnfälliger als rechnerisch sieht man hier, daß die Hauptspannungen σ_1, σ_2 Extremwerte für σ an einer bestimmten Stelle des Materials sind, daß das Maximum von τ gleich dem Kreisradius ist

$$\tau_{max} = \frac{\sigma_1 - \sigma_2}{2} \quad \text{u.s.w.}$$

Betrachtet man zwei zueinander senkrechte Schnitte im Material und bezeichnet die Richtungen, denen diese Schnitte zugewandt sind mit x, y, so ergibt sich folgende Ergänzung dieses Diagramms :

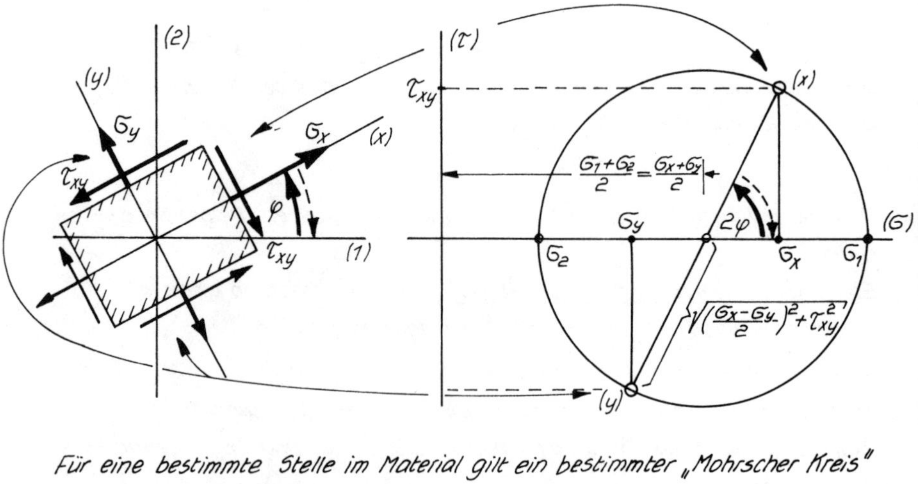

Für eine bestimmte Stelle im Material gilt ein bestimmter „Mohrscher Kreis" im Diagramm. Jeder Schnittrichtung im Material entspricht ein Punkt auf dem Mohrschen Kreis. Die Koordinaten dieses Punktes $(\sigma; \tau)$ sind die Spannungen in diesem Schnitt.

Wie schon an dem vereinfachten Fall entdeckt (vgl. S. 36), ist für das Mohrsche σ, τ-Diagramm der Vorzeichensinn zu vereinbaren.

1) Für σ gilt international: Zugspannung (+),
Druckspannung (−).

2) Für τ sind die Vereinbarungen uneinheitlich.

Wir wollen, wie in der vorbereitenden Betrachtung (s. Seite 36) so auch hier verabreden:

> Im Uhrzeigersinn um den betrachteten Körper (+),
> im Gegenuhrzeigersinn um den betrachteten Körper (−).

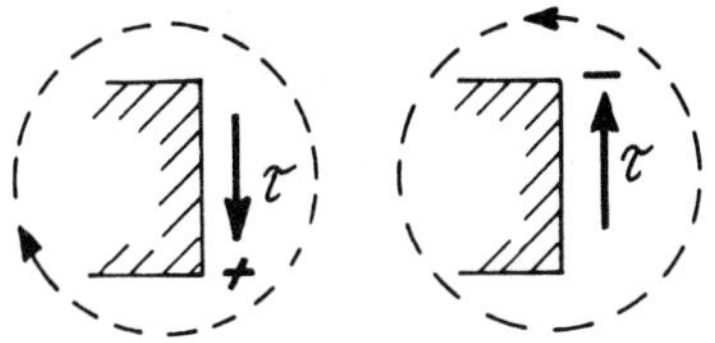

Diese Vereinbarung bewirkt die bequeme Regel:

„Verdrehungen der betrachteten Schnittrichtung im Material im gleichen Drehsinn wie Veränderung der entsprechenden Punktlage auf dem Mohrschen Kreis".

Die Vorzeichenwechsel der beteiligten trigonometrischen Funktionen sorgen für den Automatismus dieser Regel.

Für <u>rechnerische Ermittlung</u> der Extremalgrößen ergibt sich, bequem am Mohrschen Kreis ablesbar:

<u>Größte Schubspannung</u> an der betrachteten Stelle des Materials – Radius des Mohrschen Kreises :

$$\tau_{max} = \pm\sqrt{\left(\frac{\sigma_x - \sigma_y}{2}\right) + \tau_{xy}^2}$$

<u>Hauptspannungen</u>, d.h. die größte und die kleinste Normalspannung an der betrachteten Stelle des Materials – in schubspannungsfreien Schnitten:

$$\sigma_1 = \frac{\sigma_x + \sigma_y}{2} + \sqrt{\left(\frac{\sigma_x - \sigma_y}{2}\right)^2 - \tau_{xy}^2} = \frac{1}{2}\left[\sigma_x + \sigma_y + \sqrt{(\sigma_x - \sigma_y)^2 - 4\,\tau_{xy}^2}\right]$$

$$\sigma_2 = \frac{\sigma_x + \sigma_y}{2} - \sqrt{\left(\frac{\sigma_x - \sigma_y}{2}\right)^2 - \tau_{xy}^2} = \frac{1}{2}\left[\sigma_x + \sigma_y - \sqrt{(\sigma_x - \sigma_y)^2 - 4\,\tau_{xy}^2}\right]$$

Man beachte aber, daß Hauptspannungen und τ_{max} in voneinander verschiedenen Schnitten auftreten.

Spezialfall: Reine Schubbeanspruchung (vgl. Seite 30)

Um diesen wichtigen Spezialfall zu studieren, gehen wir zu dem sehr sinnfälligen Modell auf Seite 30 zurück.

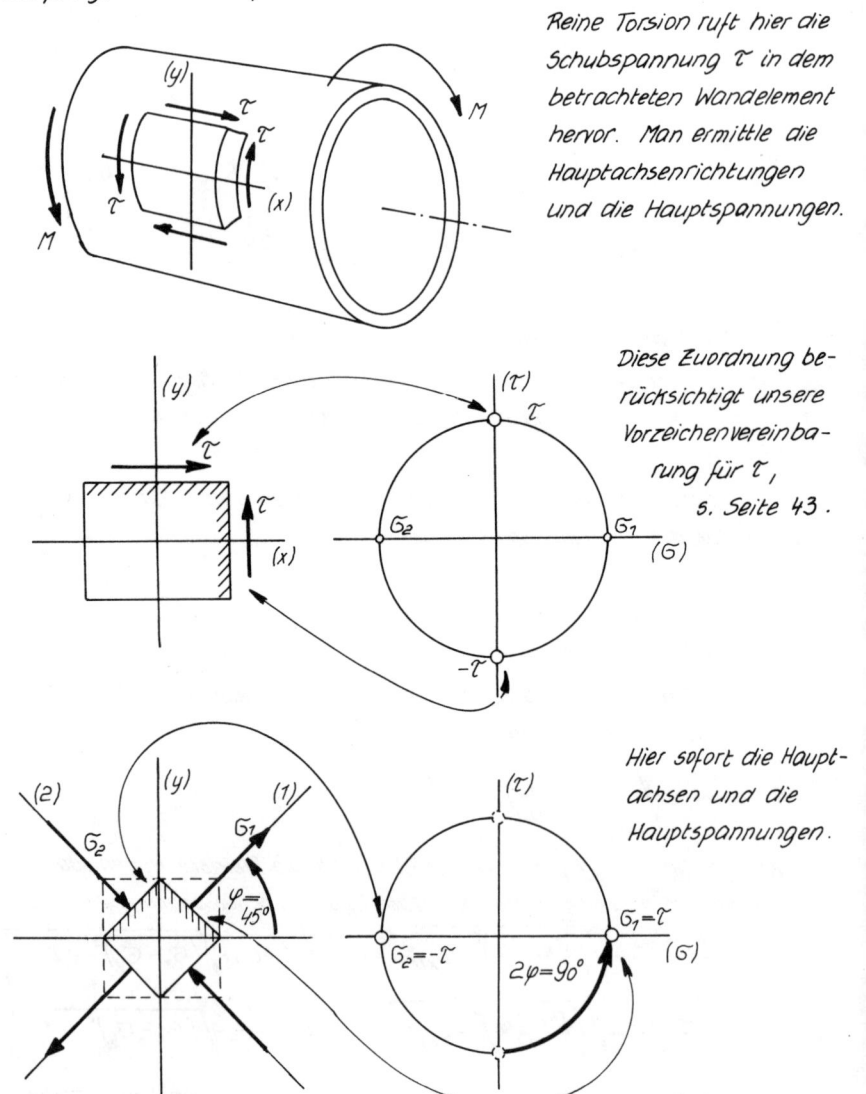

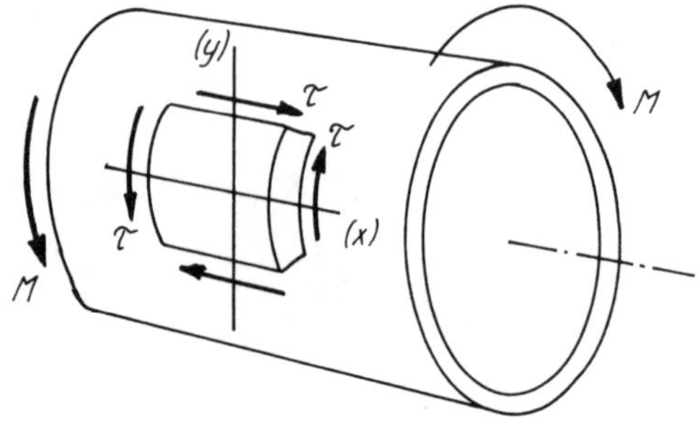

Reine Torsion ruft hier die Schubspannung τ in dem betrachteten Wandelement hervor. Man ermittle die Hauptachsenrichtungen und die Hauptspannungen.

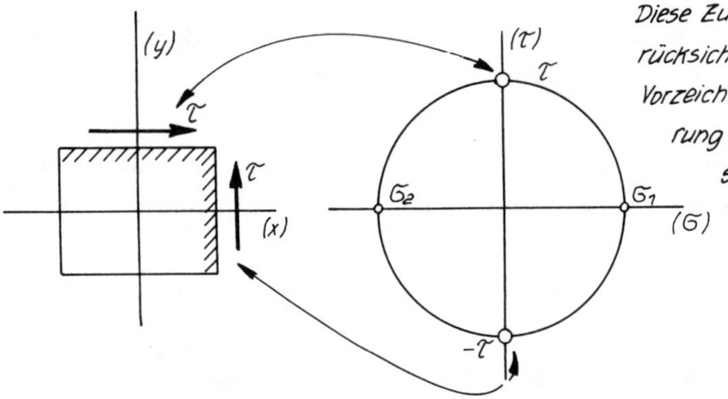

Diese Zuordnung berücksichtigt unsere Vorzeichenvereinbarung für τ, s. Seite 43.

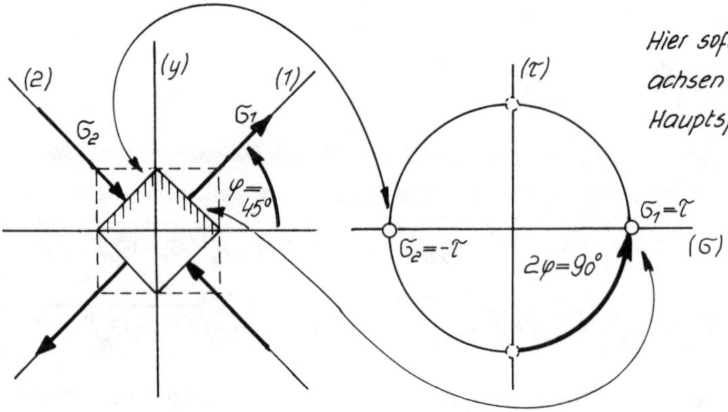

Hier sofort die Hauptachsen und die Hauptspannungen.

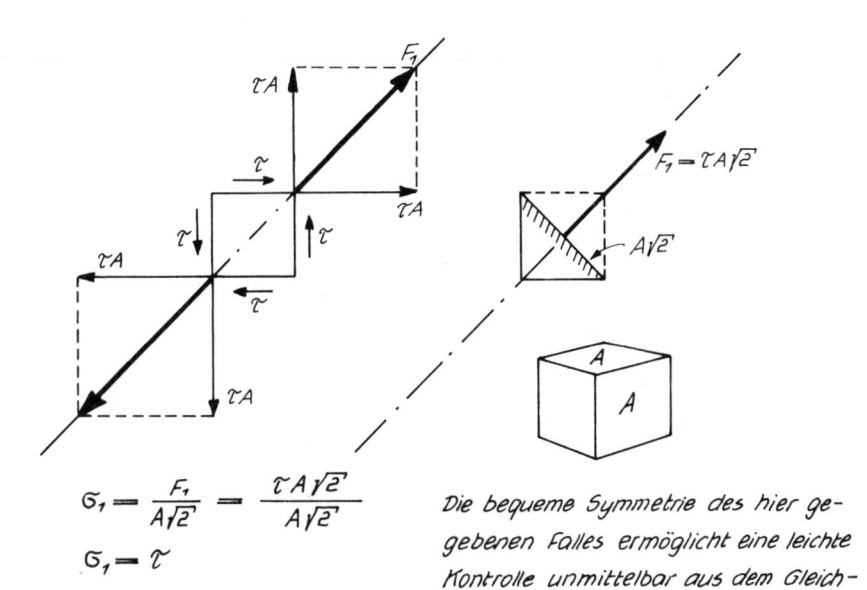

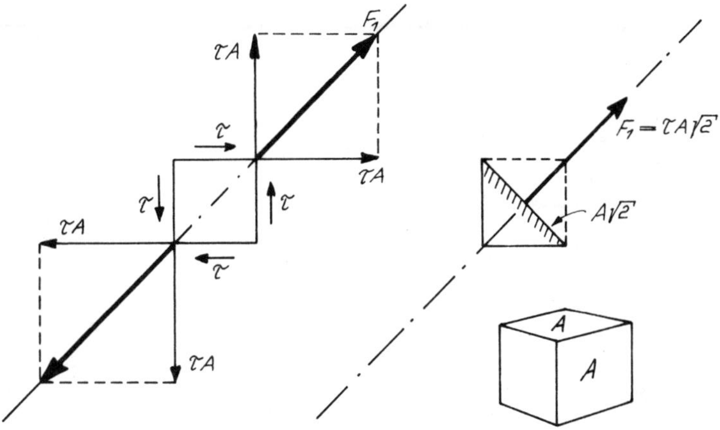

$$\sigma_1 = \frac{F_1}{A\sqrt{2}} = \frac{\tau A\sqrt{2}}{A\sqrt{2}}$$

$$\sigma_1 = \tau$$

Die bequeme Symmetrie des hier gegebenen Falles ermöglicht eine leichte Kontrolle unmittelbar aus dem Gleichgewicht der Kräfte. Etwa hier für σ_1.

<u>Beispiel :</u>

Ein dünnwandiges Rohr, Radius r, Wanddicke s, wird von der Längskraft F gezogen und vom Moment M tordiert.

Wie ist die Zylinderwand beansprucht ?
Man ermittle die Hauptspannungen und ihre Richtungen.
(Vgl. Seiten 30, 44).

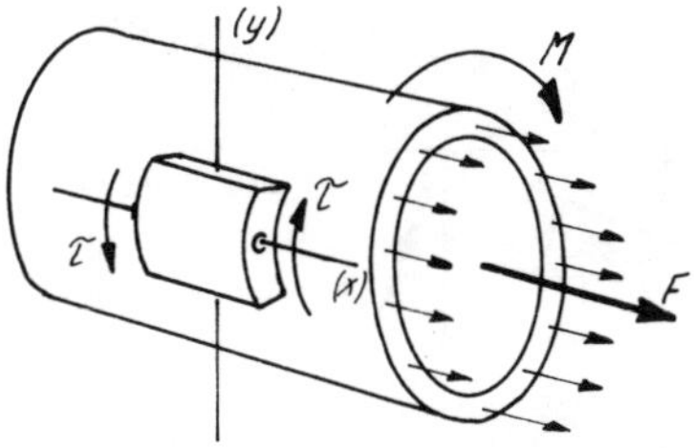

Die oben dargestellte Wahl der x, y-Achsen ist zweckmäßig.

Es ist

$$\sigma_x = \frac{F}{2\pi r s}$$

$$\sigma_y = 0$$

$$\tau_{xy} = \frac{\frac{M}{r}}{2\pi r s} = \frac{M}{2\pi r^2 s}$$

Es sei

$$\sigma_x = 2 \cdot 10^3 \frac{kp}{cm^2}$$

$$\tau_{xy} = 2 \cdot 10^3 \frac{kp}{cm^2}$$

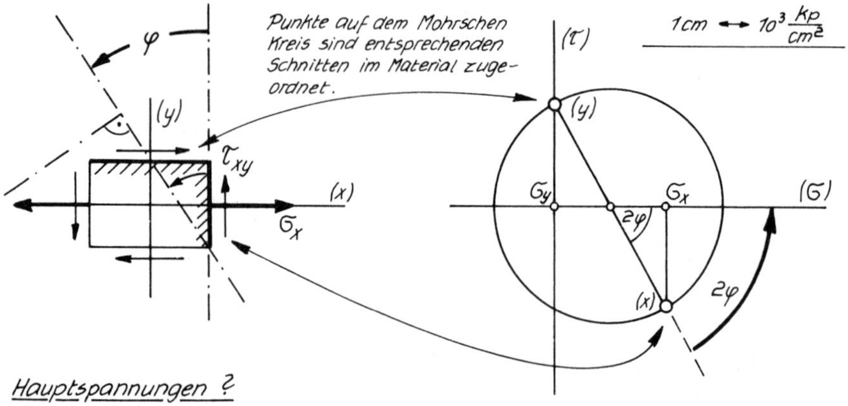

Hauptspannungen ?

Hauptachsen ?

Man folge dem Drehpfeil im Kreisdiagramm : (Drehung um 2φ im Gegenuhrzeigersinn). Man denke entsprechend einen um φ im gleichen Sinn gedrehten Schnitt im unverändert liegenden Material .

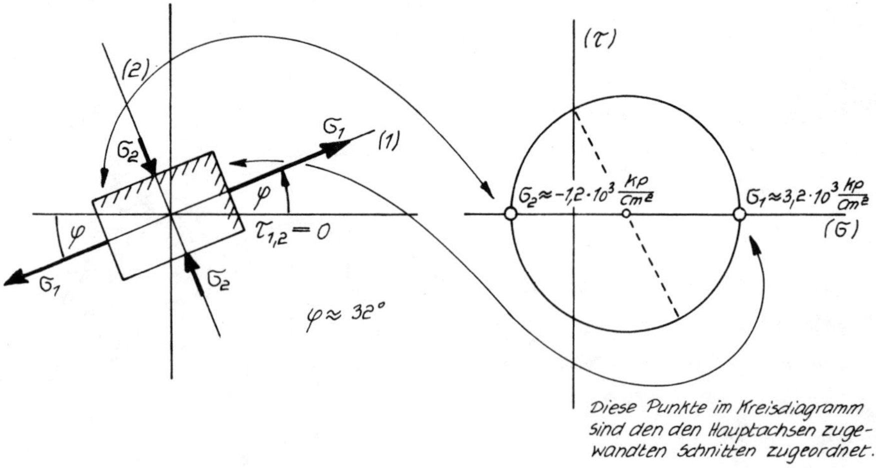

Aus dem Kreisdiagramm entnimmt man unmittelbar auch rechnerisch :

$$\sigma_1 = \frac{\sigma_x}{2} + \sqrt{\left(\frac{\sigma_x}{2}\right)^2 + \tau_{xy}^2} = \frac{\sigma_x}{2}\left[1 + \sqrt{1 - \frac{4\tau_{xy}^2}{\sigma_x^2}}\right] = 3{,}24 \cdot 10^3 \frac{kp}{cm^2}$$

$$\sigma_2 = \frac{\sigma_x}{2} - \sqrt{\left(\frac{\sigma_x}{2}\right)^2 + \tau_{xy}^2} = \frac{\sigma_x}{2}\left[1 - \sqrt{1 + \frac{4\tau_{xy}^2}{\sigma_x^2}}\right] = -1{,}24 \cdot 10^3 \frac{kp}{cm^2}$$

$$\tan 2\varphi = \frac{\tau_{xy}}{\frac{\sigma_x}{2}} = 2 \; ; \qquad \varphi = 31{,}8^\circ \; .$$

6. Ausblick auf den dreidimensionalen Spannungszustand.

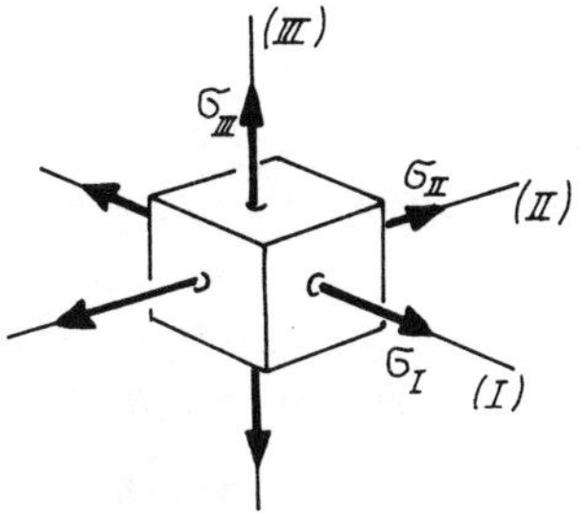

Wie im Anhang, Seite 106 ausführlich dargelegt ist, lassen sich bei einer gegebenen räumlichen Beanspruchung einer Stelle im Material im allgemeinen drei zueinander orthogonale Hauptspannungsrichtungen im Raum und zugehörige Hauptspannungen σ_I ; σ_{II} ; σ_{III} unterscheiden. Betrachtet man jeweils eine – von je zwei dieser Achsen ausgespannte – Ebene, so kann man jeweils einen Mohrschen Kreis dazu zeichnen. Es ergeben sich somit insgesamt drei Kreise.

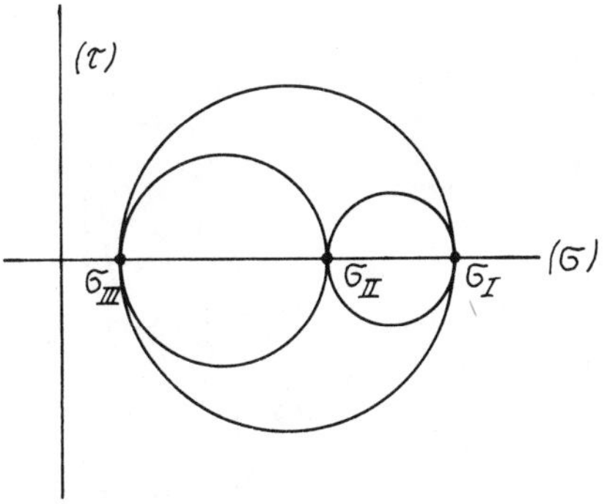

Im Anhang, Seite 106 ff. ist gezeigt, wie man

a) aus gegebenen Daten räumlicher Beanspruchung σ, τ in einem Schnitt gewünschter Orientierung ermitteln kann,

b) wie man insbesondere auch Hauptachsenrichtungen und die Hauptspannungen finden kann,

c) aus gegebenen Hauptspannungen σ, τ im Schnitt gewünschter Orientierung bestimmen kann.

B. Torsion zylindrischer Körper

Unter Zugrundelegung der Vorstellungen betreffend der Torsion des dünnwandigen Zylinders (s. Seite 30) soll jetzt ein radial beliebig materialgefüllter zylindrischer Körper behandelt werden. Dazu denken wir uns eine große Zahl ineinanderpassender dünnwandiger Zylinder zu einem zusammenhängenden Querschnitt ineinander gesteckt. Sie sollen sich nicht gegeneinander verdrehen können, da das in Wirklichkeit durchweg zusammenhängendes Material sein soll: d.h. alle haben den Torsionswinkel φ gemeinsam.

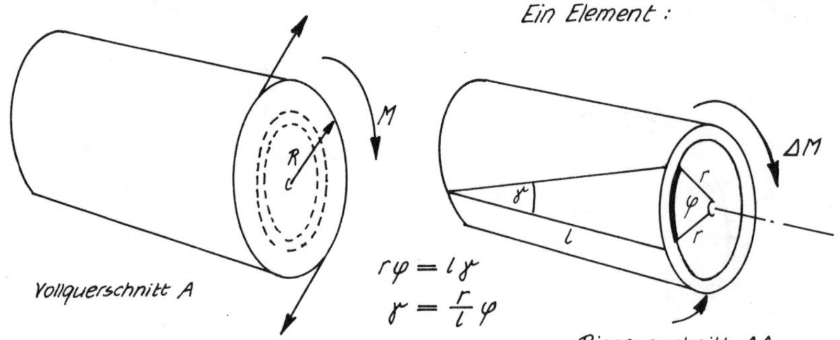

$$r\varphi = l\gamma$$
$$\gamma = \frac{r}{l}\varphi$$

Nach Seite 23 gilt allgemein:

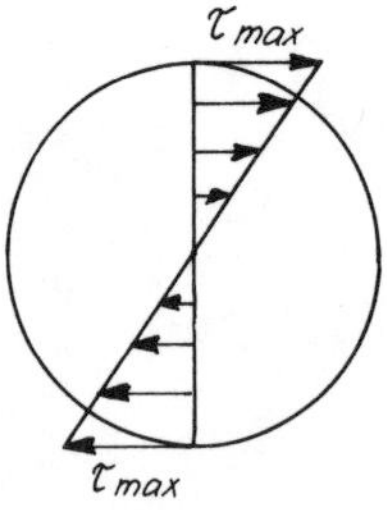

(I) $\tau = G \cdot \gamma = G\frac{\varphi}{l} \cdot r$, also

Schubspannungsverteilung proportional dem Radius.

Auf ein Element entfällt:

$$\Delta M = \tau \cdot \Delta A \cdot r$$

$G\frac{\varphi}{l} \cdot r^2 \Delta A$, auf den ganzen Querschnitt also:

$$M = \frac{G \cdot \varphi}{l} \cdot \int^{A} r^2 dA \, .$$

(II) $M = \frac{G \cdot \varphi}{l} \cdot J_{pol}$

Die Größe $\int^{A} r^2 dA = J_{pol.}$ nennt man das polare Flächenträgheitsmoment (s. Anhang).

Die Gleichungen (I) und (II) ergeben nun zwei sehr wichtige Gleichungen:
Elastizitätstheoretisch ist der Ausdruck aus (II) sehr wichtig :

Torsionswinkel :
$$\varphi = \frac{M \cdot l}{G \cdot J_p}$$

Für die Festigkeitsberechnung aber wird benötigt : Gleichung (I), in die man aus (II) $G\frac{\varphi}{l} = \frac{M}{J_p}$ einführt :

Torsionsschubspannung im Stabquerschnitt, d.h. im Schnitt senkrecht zur Zylinderachse :

$$\tau_{(r)} = \frac{M}{J_p} \cdot r \; ; \qquad \tau_{max} = \frac{M}{J_p} \cdot R \; .$$

Letzteres schreibt man

$$\tau_{max} = \frac{M}{\frac{J_p}{R}} = \frac{M}{W_{pol}}$$

wobei man die Größe $W_{pol} = \frac{J_p}{R}$ polares Widerstandsmoment nennt.

Die größte Schubspannung im betr. Querschnitt tritt, wie wir oben sahen, am äußersten Radius $r = R$ auf.

Wie im Anhang gezeigt wird, ist für einen Kreisring :

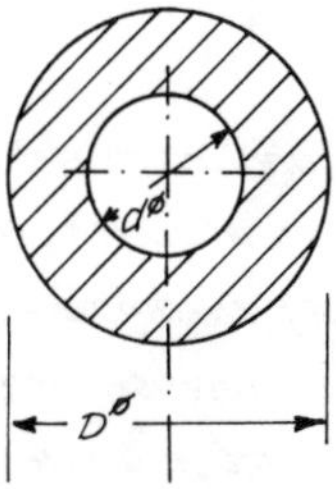

$$J_{pol} = \frac{\pi D^4}{32}\left[1 - \left(\frac{d}{D}\right)^4\right]$$
$$W_{pol} = \frac{J_{pol}}{\frac{D}{2}} = \frac{\pi D^3}{16}\left[1 - \left(\frac{d}{D}\right)^4\right]$$

für einen Vollkreis also :

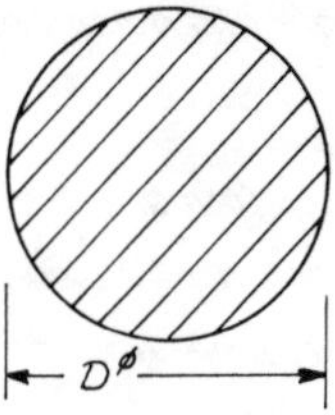

$$J_{pol} = \frac{\pi D^4}{32}$$
$$W_{pol} = \frac{\pi D^3}{16}$$

C. Transversal belasteter Balken

1. Biegespannungen im Querschnitt eines Balkens.

Ein Balken soll in einer Ebene (Lastebene) liegenden transversalen (d.h. senkrecht zur Längsachse gerichteten) Kräften unterworfen werden, die ihn im Gleichgewicht halten. Auch reine Momente sollen hier zugelassen sein. Der Querschnitt sei beliebig, aber vorerst symmetrisch zur Lastebene. Der Balken soll jetzt in horizontale Faserschichten aufgeteilt gedacht werden, die sich gegeneinander bei Deformationen des Balkens nicht verschieben dürfen, da sie insgesamt durchweg zusammenhängendes Material repräsentieren sollen. Der Balken möge an der betrachteten Stelle von einem Moment M (Biegemoment) beansprucht sein. Wir betrachten ein Balkenelement (Abschnitt) von der Seite.

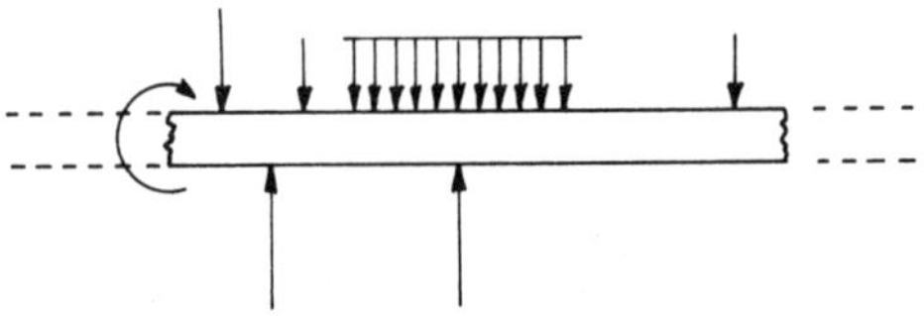

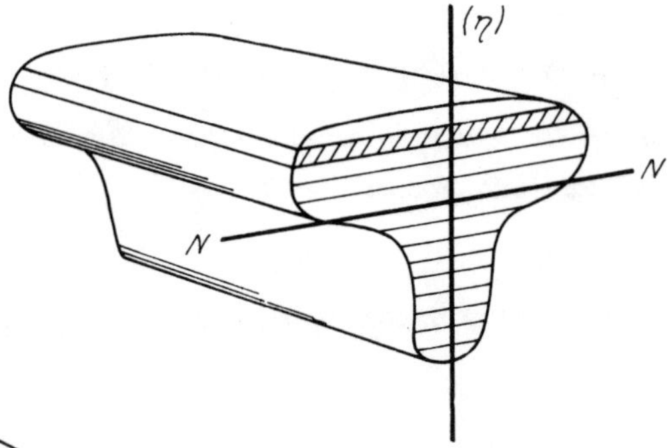

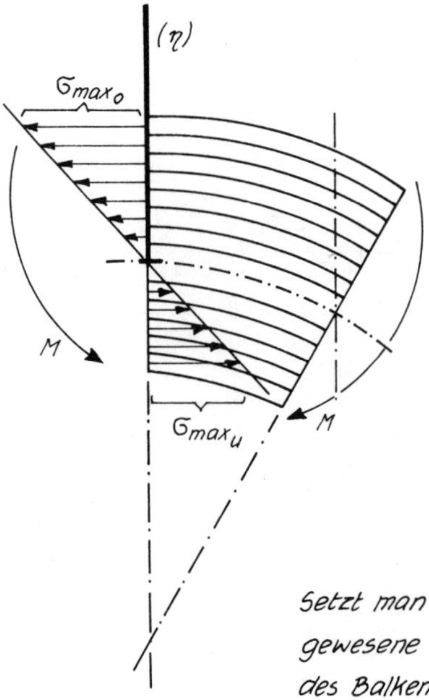

Setzt man voraus, daß vor der Deformation eben gewesene Querschnitte auch nach der Verbiegung des Balkens eben bleiben („Eulersche Annahme"), so ist die Längenänderung einzelner Fasern proportional dem Abstand von der ungedehnt gebliebenen „neutralen Faser".

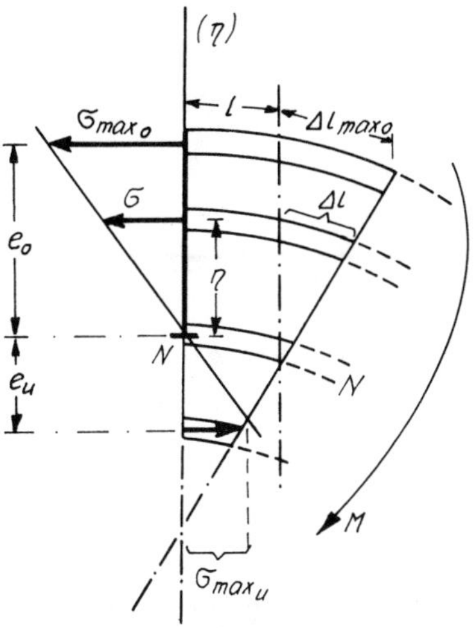

Nach dem Hookeschen Gesetz ist aber die Spannung proportional der Dehnung : $\sigma = E \cdot \varepsilon$.

Es gilt also für irgendeine Faser im Abstand η von der neutralen Faser (sinnfällig an Dreiecken in der Skizze ablesbar) :

$$\frac{\sigma}{\eta} = \frac{\sigma_{max_o}}{e_o} = \frac{\sigma_{max_u}}{e_u} ,$$

also vorbehaltlich jeweiliger Entscheidung , ob uns o oder u interessiert :

$$\underline{\sigma = \frac{\sigma_{max}}{e} \cdot \eta .}$$

(Meist werden wir uns später für die betragsmäßig größere von den σ_{max_o} bzw. σ_{max_u} aus Festigkeitsgründen interessieren) .

<u>Wo liegt die Neutrale Faser ?</u>

Da keine Längskraft als Last vorausgesetzt ist , gilt für das Gleichgewicht des Balkenelementes in Längsrichtung :

$$\lim_{\Delta A \to 0} \sum \sigma_i \Delta A_i = \\ = \int^A \sigma_i \, dA = 0 \quad .$$

Führen wir hier den obigen Ausdruck $\sigma = \frac{\sigma_{max}}{e} \cdot \eta$ ein ,

$$\frac{\sigma_{max}}{e} \int \eta \, dA = 0 , \quad \text{so ist}$$

$$\underline{\int \eta \cdot dA = 0 ,}$$

d.h. die Neutrale Faser geht durch den Flächenschwerpunkt des Balkenquerschnitts A . (Flächenschwerpunkt : siehe ‚Statik', Seite 115) .

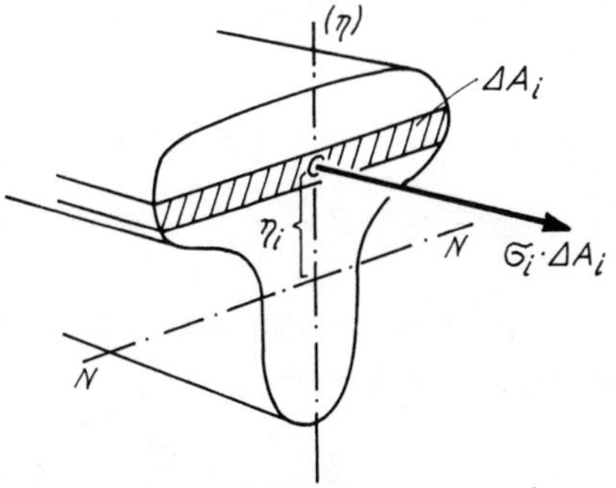

ΔA_i – Querschnitt der Faser Nr. i .
A – Ganzer Querschnitt

Größte Biegespannung im gegebenen Balkenquerschnitt

Das Gleichgewicht der Momente an einem Balkenelement ergibt (s. obige Skizze):

$$\lim_{\Delta A \to 0} \sum \eta_i \, \sigma_i \, \Delta A_i = -M \, ,$$

$$\int^{A} \eta \cdot \sigma \cdot dA = -M \, .$$

Hier das obige $\sigma = \frac{\sigma_{max}}{e} \cdot \eta$ eingesetzt, ergibt

$$\frac{\sigma_{max_o}}{e_o} \int^{A} \eta^2 dA = -M \, , \quad \text{bzw.} \quad \frac{\sigma_{max_u}}{e_u} \int^{A} \eta^2 dA = -M \, .$$

Die nur durch die Form und Größe des Querschnitts bedingte Größe

$$\lim_{\substack{\Delta A \to 0 \\ n \to \infty}} \sum_{i=1}^{i=n} \eta_i^2 \, \Delta A_i = \int^{A} \eta^2 dA = J \, ,$$

nennt man das Querschnittsträgheitsmoment des gegebenen Querschnitts — hier bezogen auf die neutrale Faser (d.h. der Abstand η ist von der neutralen Faser gerechnet).

Eine ausführliche Behandlung erfolgt im Anhang.

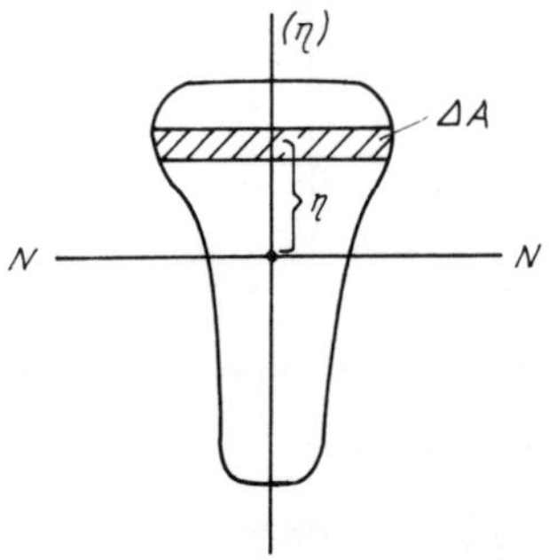

Somit haben wir die uns festigkeitstechnisch oft interessierenden Größen:

Beträge $\sigma_{max_o} = \dfrac{M}{\frac{J}{e_o}}$ bzw. $\sigma_{max_u} = \dfrac{M}{\frac{J}{e_u}}$.

Die Größe $\frac{J}{e_o} = W_o$ bzw. $\frac{J}{e_u} = W_u$ nennt man das <u>Widerstandsmoment</u> des gegebenen Querschnitts.

Somit haben wir die extremalen Biegespannungswerte durch eine äußerst knappe Formel erfaßt:

$$\sigma_{max_o} = \frac{M}{W_o} \quad \text{bzw.} \quad \sigma_{max_u} = \frac{M}{W_u} \, .$$

Es sind dies die Beträge der Längsspannung (Biegespannung) in der äußersten Faser oben bzw. unten.

Wie im Anhang gezeigt (Seite 97), haben wir für einen Rechteckquerschnitt:

$$J = \frac{b\,h^3}{12}$$

$$W_o = W_u = W = \frac{J}{\frac{h}{2}} = \frac{b\,h^2}{6} \;,$$

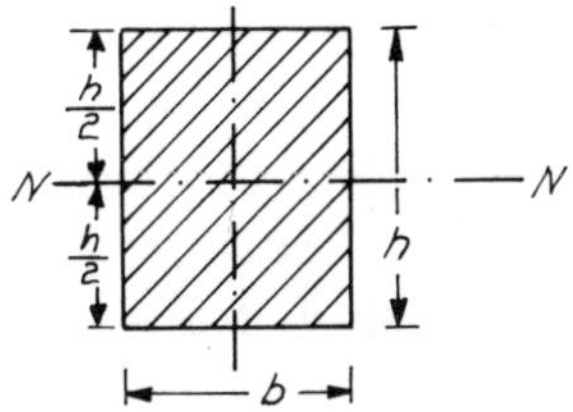

für einen Kreisquerschnitt:

$$J = \frac{\pi D^4}{64}\left[1-\left(\frac{d}{D}\right)^4\right]$$

$$W = \frac{\pi D^3}{32}\left[1-\left(\frac{d}{D}\right)^4\right] \;,$$

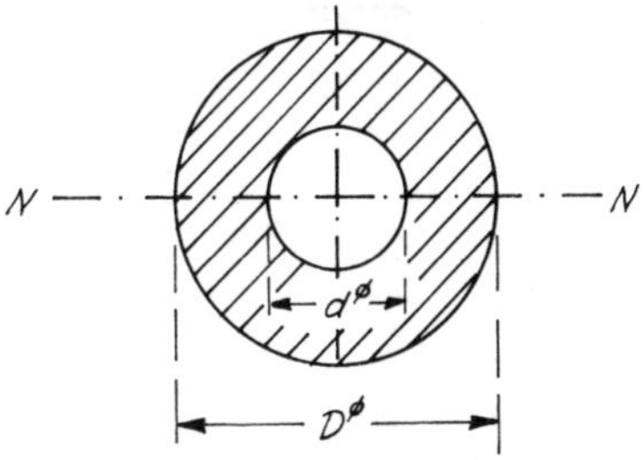

d.h. für einen Vollkreis:

$$J = \frac{\pi D^4}{64}$$

$$W = \frac{\pi D^3}{32}$$

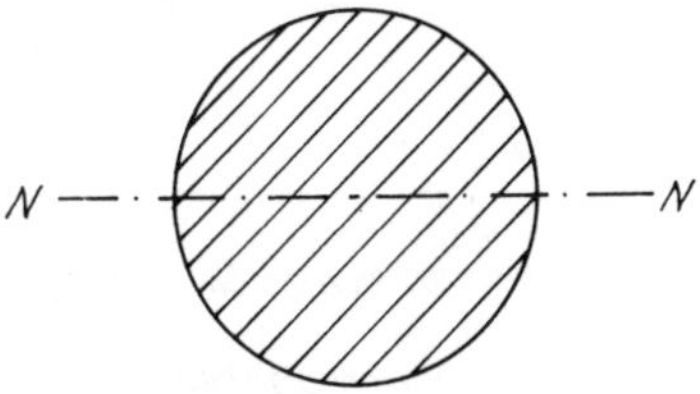

Man achte sorgsam auf den Unterschied gegenüber dem polaren Trägheitsmoment bzw. polaren Widerstandsmoment.

Beispiel:

In welchem Querschnitt des abgesetzten Balkens tritt die größte Biegespannung auf?

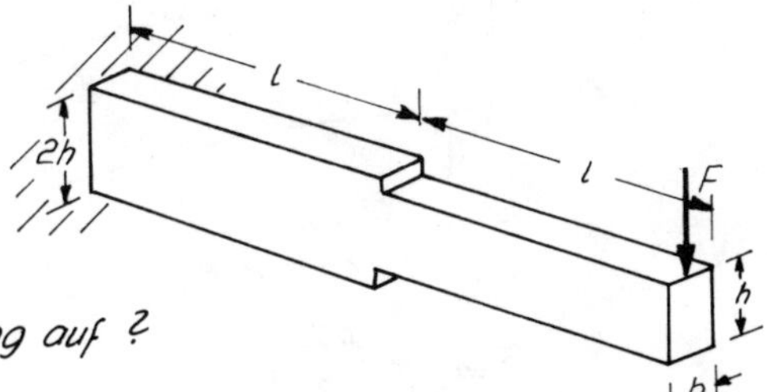

Es kommen nur die Querschnitte (I), (II) in Betracht, dort tritt in dem jeweiligen Querschnittsbereich das größte Biegemoment auf.

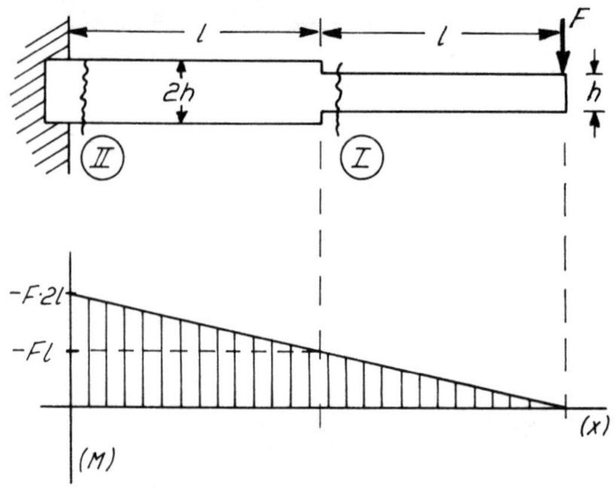

I) $\sigma_{max_I} = \frac{M_I}{W_I} = \frac{F \cdot l \cdot 6}{b\,h^2} = 6 \cdot \frac{Fl}{bh^2}$

II) $\sigma_{max_{II}} = \frac{M_{II}}{W_{II}} = \frac{F \cdot 2l \cdot 6}{b(2h)^2} = 3 \cdot \frac{Fl}{bh^2}$

$\sigma_I > \sigma_{II}$ ist die gesuchte Größe.

<u>Beispiel</u>:

Ein lehrreicher Unterschied:

a) ein kompakter Balken.

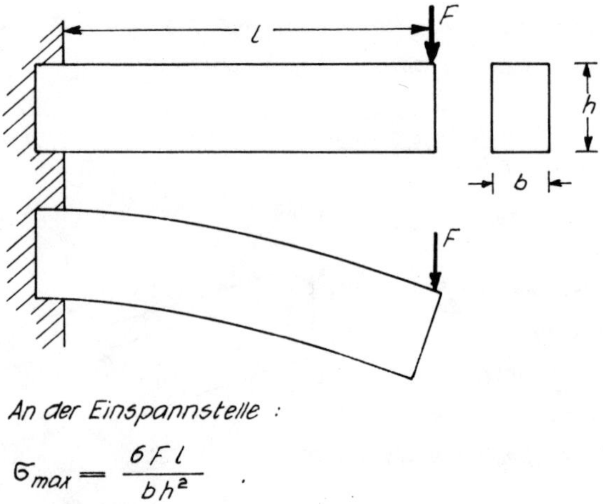

An der Einspannstelle:

$$\sigma_{max} = \frac{6Fl}{bh^2}.$$

b) Ein Balken gleicher Abmessungen, aber aus aufeinander frei gleitenden Faserschichten zusammengestellt.

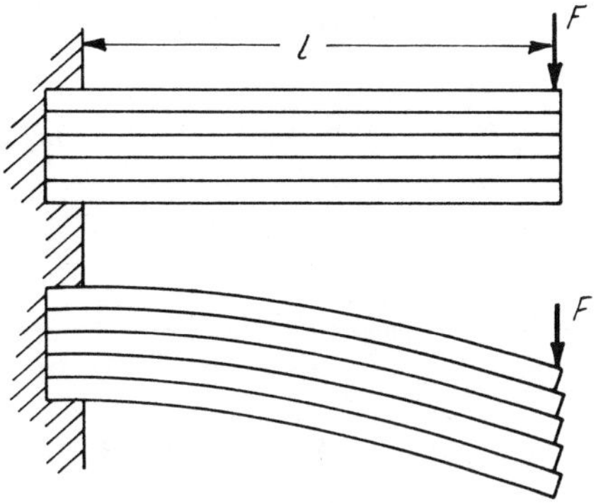

Bei n Fasern:

An der Einspannstelle:

$$\sigma_{max} = \frac{F}{n} \cdot l \cdot \frac{6}{b \cdot \left(\frac{h}{n}\right)^2} = \frac{6\,F\,l}{b\,h^2} \cdot n$$

Denkt man sich hier den ungeschichteten Balken zwar geschichtet aber zusammengeklebt, also das Gleiten der Fasern aufeinander verhindert, so wird sofort vorstellbar, daß bei dieser Biegebeanspruchung Schubspannungen in Balkenlängsrichtung auftreten. Darauf werden wir im folgenden zurückkommen.

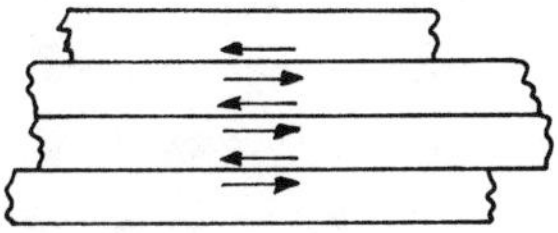

Bei einigermaßen schlanken Balken wird sich der Praktiker vor allem für die Biegespannungen genannten Normalspannungen im Balkenquerschnitt aus Festigkeitsgründen interessieren. Doch werden wir uns weiter unten auch mit den Schubspannungen befassen.

Daß die in einem Balkenquerschnitt größte Normalspannung (Biegespannung) vorwiegend einen weit größeren Betrag zu haben pflegt, als die dort scherend wirkende Schubspannung, sei an einer rohen Abschätzung in einem recht trivialen Fall illustriert:

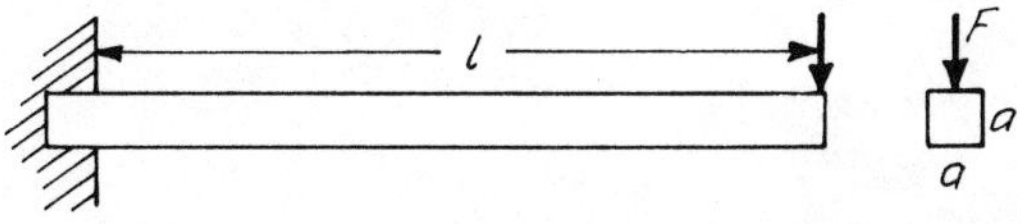

$l = 100\ cm$; $a = 1\ cm$.

Es werde eine Vorstellung darüber gewonnen, in wie unterschiedlicher Größenordnung einerseits die größte Biegespannung und andererseits die hier wenigstens grob abgeschätzte Schubspannung im Balkenquerschnitt liegen können:

Jm Einspannquerschnitt $\quad \sigma_{max} = \frac{M}{W} = \frac{Fl}{\frac{aa^2}{6}} = \frac{6Fl}{a^3}$

Anderseits, hier nur sehr grob abgeschätzt, die in einem Querschnitt scherende Schubspannung: $\quad \tau = \frac{F}{a^2}$.

$$\frac{\sigma_{max}}{\tau} = \frac{6l}{a} = 600 \ .$$

Man kann sich hier also gut vorstellen, daß in solchen praktischen Fällen die Biegespannung für Festigkeitsbetrachtungen wesentlich wichtiger ist, als die Frage nach der Schubspannung im Querschnitt.

Nun wird man sofort bemerkt haben, daß in der obigen Betrachtung der Ausdruck

$$\tau = \frac{\text{Querkraft}}{\text{Balkenquerschnitt}}$$

als nur äußerst grob zu werten ist. Die Schubspannung kann nicht gleichmäßig über die Balkenhöhe verteilt sein:

Man denke sich ein in Gedanken abgegrenztes Quaderelement innerhalb des Materialzusammenhangs im Balken, etwa an seiner oberen Seite. An der Außenfläche greift sicherlich keine Schubspannung (von der Außenluft her) an. Aber senkrecht dazu

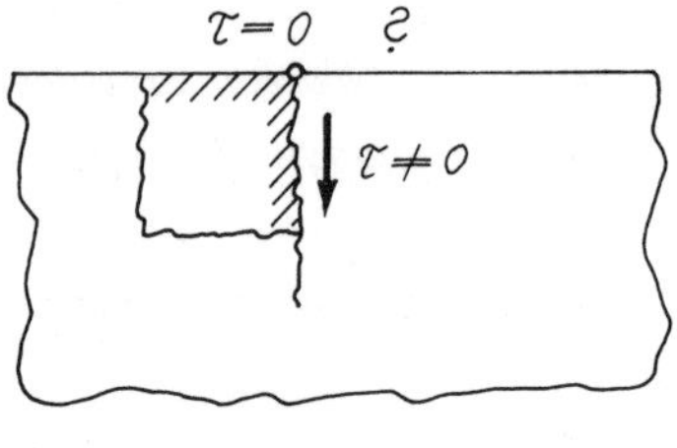

$\tau = \frac{Q}{A}$? Das ist ein Widerspruch zum Satz von der Gleichheit rechtwinklig zugeordneter Schubspannungen (vgl. Seite 37). Dieser Widerspruch klärt sich leicht auf:

Die Schubspannung im Querschnitt eines transversal belasteten Balkens ist grundsätzlich nicht, auch nicht näherungsweise, gleichmäßig über den Querschnitt verteilt.

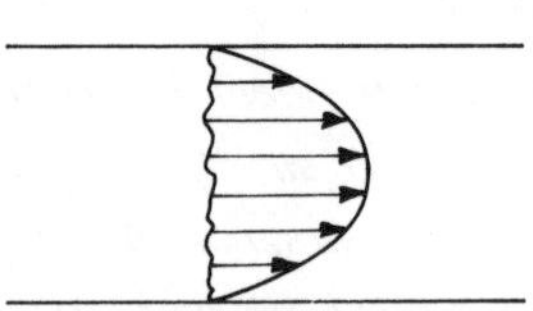

Vorsicht: Kurvenordinaten nur als Diagramm gemeint. Schubspannungsrichtung parallel zum Schnitt.

Jm Anhang (Seite 94) ist eine solche

Schubspannungsverteilung, unter brauchbaren Annahmen, für einen rechteckigen Balkenquerschnitt gezeigt.
Vom praktischen Interesse sind diese Betrachtungen für gedrungene Balkenformen im betrachteten System.

2. Deformation eines transversal belasteten elastischen Balkens. Die Elastische Linie.

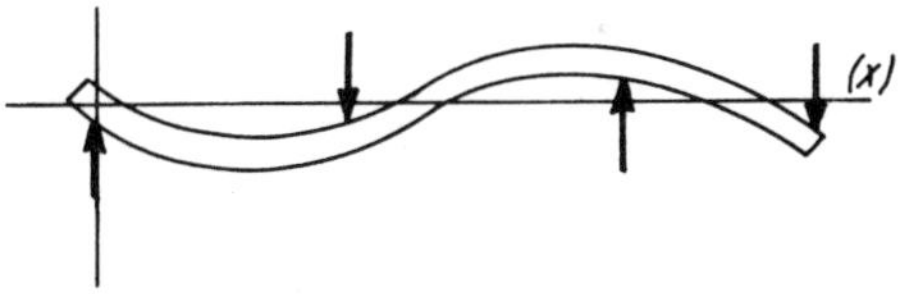

Die Grundgedanken zu Anfang unserer Ermittlung der Biegespannung können wir jetzt beibehalten (vgl. Seite 51). Wieder sei ein durch das Moment M deformierter Balkenabschnitt betrachtet.
Bis auf Größen, die in höherer Ordnung klein werden, haben wir hier die Proportion:

$$\frac{\eta}{\rho} = \frac{\delta \Delta l}{\Delta l} = \varepsilon$$

Das ist die Faserdehnung im Abstand η von der Neutralen Faser.

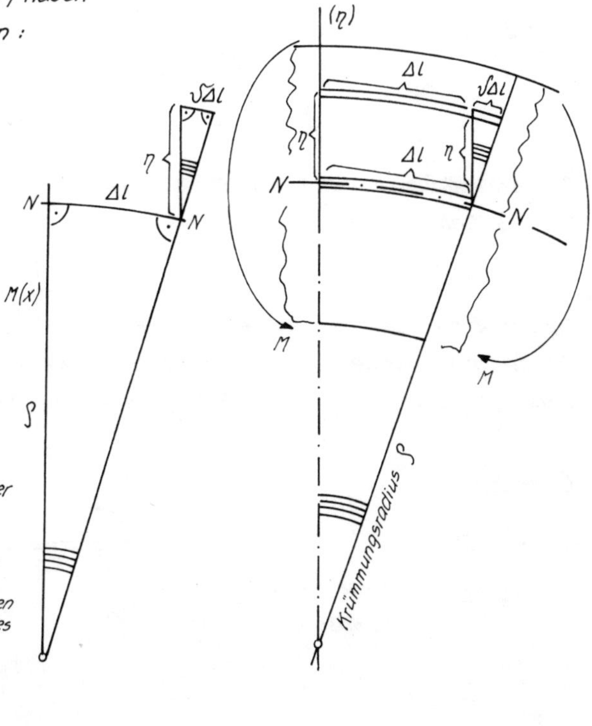

ρ – Krümmungsradius an der Stelle x.
Obige Beziehungen gelten unter der „Eulerschen Annahme": Eben gewesene Materialquerschnitte bleiben auch nach Deformation des Balkens eben.

Somit die Spannung in dieser Faser:

$$\sigma = E\varepsilon = E\frac{\eta}{\rho} \quad .$$

Diesen Ausdruck werden wir jetzt in der Formulierung des Biegemomentes um die Balkenstelle x verwenden. Man beachte, daß ρ eine Funktion von x sein wird.

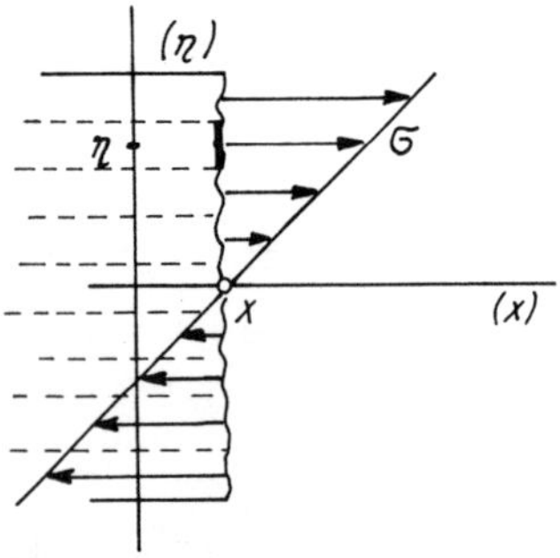

$$M(x) = \lim_{\Delta A \to 0} \sum^{A} F \cdot \eta = \lim_{\Delta A \to 0} \sum^{A} \sigma \cdot \Delta A \cdot \eta$$

$$= \int^{A} \sigma \eta \, dA \; ;$$

Es ist $\sigma = E\frac{\eta}{\rho}$, somit:

$$\underline{M(x)} = \frac{E}{\rho}\int^{A} \eta^2 \cdot dA = \underline{\frac{EJ}{\rho}}$$

$J = \int^{A} \eta^2 dA$ ist das Querschnittsträgheitsmoment (vgl. Seite 52 und Anhang, Seite 96).

Die Differentialgeometrie lehrt: $\rho = \frac{\sqrt{1+y'^2}^{\,3}}{y''}$.

Nun ist angesichts der hier äußerst geringen Krümmung eines Balkens $y'^2 \ll 1$, d.h. $\rho \approx \pm\frac{1}{y''}$, eine bei weitem zulässige Näherung.

Somit: $y'' = \pm\frac{1}{EJ} M(x)$.

Bei Verwendung unserer Vorzeichenkonvention für M (vgl. Seite 8) wählen wir das Minuszeichen:

$$\boxed{y'' = -\frac{1}{EJ} \cdot M(x)}$$

Differentialgleichung der elastischen Linie.

Die zu bestimmende Funktion $y = f(x)$ ist hier die Kurve, die die Form der Neutralen Faser in dem durch M(x) deformierten Balken wiedergibt.

<u>Beispiel</u>:

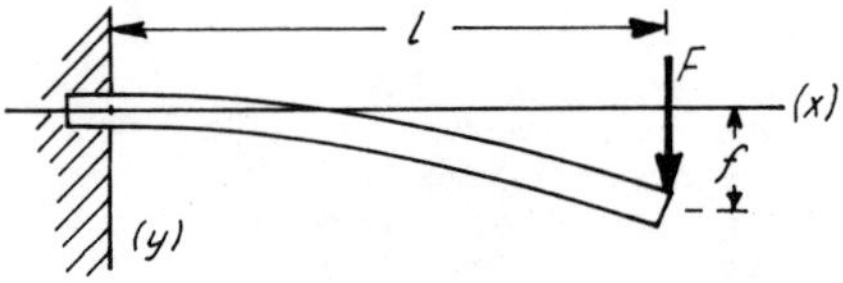

<u>Gegeben</u>: l; J; E; F.

<u>Gesucht</u>: Biegelinie, d.h. elastische Linie und

insbesondere Senkung des Balkenendes $y(l) = f$.

$EJy'' = -M(x)$;   Hier ist $M(x) = -F(l-x)$.

$EJy'' = Fl - Fx$.

$EJy' = Flx - F\frac{x^2}{2} + c_1$; $x = 0 : y' = 0 \longrightarrow c_1 = 0$.

$EJy' = Flx - F\frac{x^2}{2}$.

$EJy = Fl\frac{x^2}{2} - F\frac{x^3}{6} + c_2$; $x = 0 : y = 0 \longrightarrow c_2 = 0$.

$$\boxed{y = \frac{F}{6EJ}(3lx^2 - x^3) ; \quad x = l : \ y(l) = f = \frac{Fl^3}{3EJ}}$$

Beispiel :

Gegeben : l ; J ; E ; F.

Gesucht : Durchbiegung an der Kraftangriffsstelle f.

Hier soll gezeigt werden, daß man das obige Ergebnis sofort verwenden kann. Jm Ergebnis der vorangegangenen Aufgabe setze man

statt f hier : $\frac{f}{2}$,

statt l hier : $\frac{l}{4}$,

statt F hier : $\frac{F}{2}$.

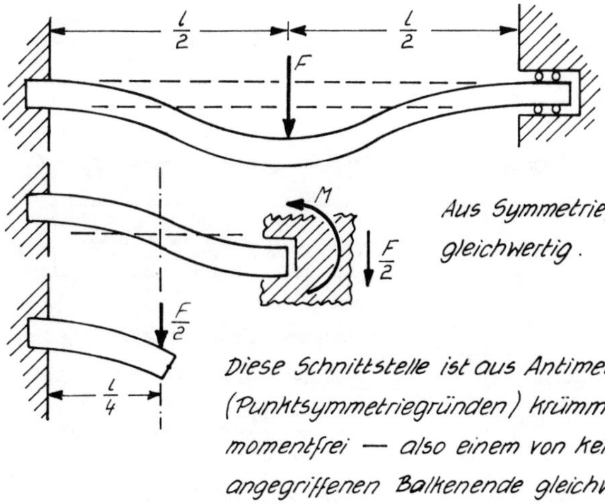

Aus Symmetriegründen gleichwertig.

Diese Schnittstelle ist aus Antimetriegründen (Punktsymmetriegründen) krümmungsfrei, d.h. momentfrei — also einem von keinem Moment angegriffenen Balkenende gleichwertig.

$$\frac{f}{2} = \frac{\frac{F}{2}\cdot\left(\frac{l}{4}\right)^3}{3EJ}$$

$$\boxed{f = \frac{Fl^3}{192\,EJ}}$$

<u>Beispiel</u> :

<u>Gegeben</u> : l ; J ; E ; F .

<u>Gesucht</u> : Elastische Linie für die linke Balkenhälfte . Jnsbesondere Senkung der Lastangriffsstelle .

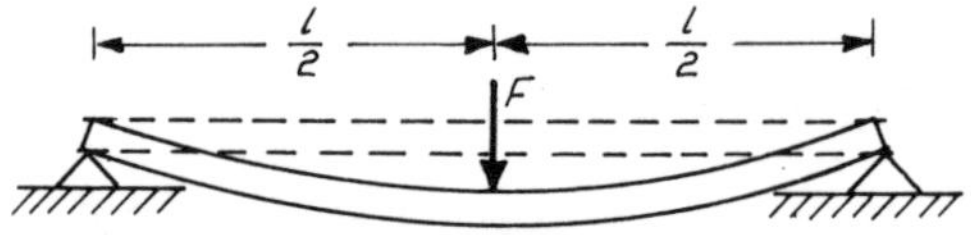

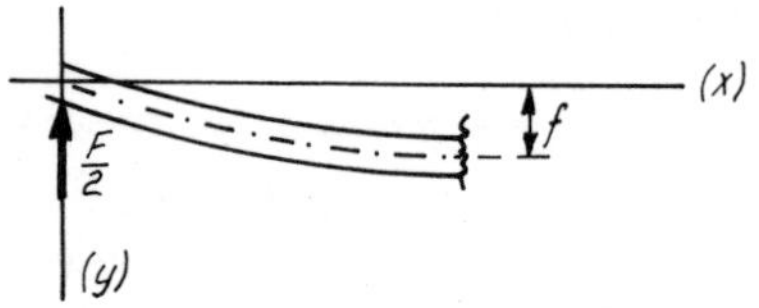

$$EJy'' = -M(x)\ ; \qquad M(x) = \frac{F}{2}x\ .$$

$$EJy'' = -\frac{F}{2}x\ .$$

$$EJy' = -F\frac{x^2}{4} + C_1\ ; \qquad x = \frac{l}{2}\ :\ y' = 0 \longrightarrow 0 = \frac{-Fl^2}{16} + C_1\ .$$

$$EJy' = -\frac{Fx^2}{4} + \frac{Fl^2}{16}\ . \qquad \longleftarrow\ C_1 = \frac{Fl^2}{16}$$

$$EJy = -\frac{F}{12}x^3 + \frac{Fl^2}{16}x + C_2\ ; \qquad x = 0\ :\ y = 0 \longrightarrow C_2 = 0\ .$$

$$\boxed{y = \frac{F}{4}\left(\frac{l^2x}{4} - \frac{x^3}{3}\right)\ ; \qquad x = \frac{l}{2}\ :\ y\left(\frac{l}{2}\right) = f = \frac{Fl^3}{48EJ}}$$

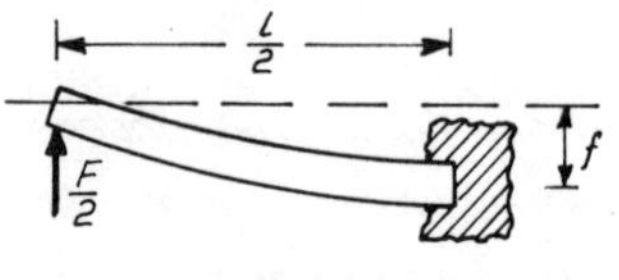

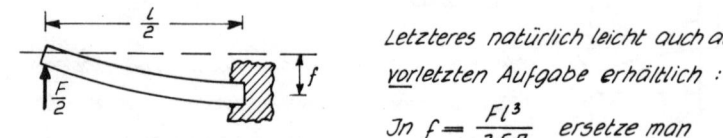

Letzteres natürlich leicht auch aus der <u>vor</u>letzten Aufgabe erhältlich :

Jn $f = \frac{Fl^3}{3EJ}$ ersetze man

l durch $\frac{l}{2}$ und F durch $\frac{F}{2}$:

$$f = \frac{\frac{F}{2}\cdot\left(\frac{l}{2}\right)^3}{3EJ} = \frac{Fl^3}{48EJ} \;, \quad \text{wie oben}.$$

Vernachlässigung des Schubspannungseinflusses bei obigen Deformationsbestimmungen eines Balkens.

Jn der obigen Herleitung der Ausdrücke für die Elastische Linie wurde der Einfluß der durch die Querkraft hervorgerufenen Schubspannung auf die Balkendeformation nicht berücksichtigt. Vielmehr wurde allein die Längendeformation der Balkenfasern infolge des Biegemomentes betrachtet. Diese in der Berechnungspraxis weithin übliche Vernachlässigung wollen wir an einem charakteristischen Modell rechtfertigen.

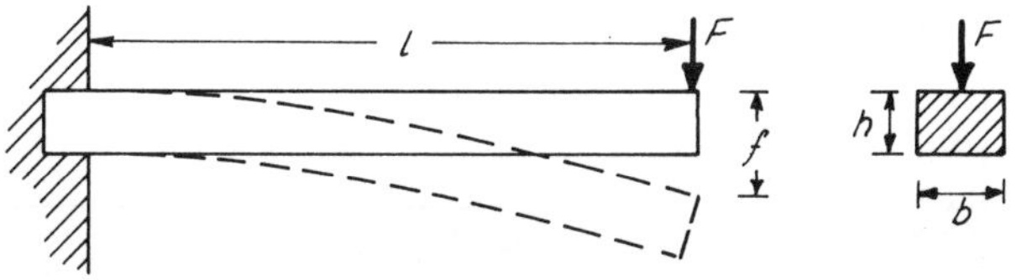

Die Durchbiegung f an der Lastangriffsstelle sei in zwei Anteile zerlegt:

1) Durchbiegung f_M infolge des Biegemomentes lt. Seite 59.
2) Durchbiegung f_Q infolge der Schubspannung $\tau \approx \frac{F}{bh}$.

   Da es sich hier nur um eine Größenordnungsschätzung handelt, können wir uns den Mittelwert $\tau \approx \frac{F}{bh}$ erlauben, wenn wir auch sehen werden (s. Anhang), daß τ nicht gleichmäßig über den Balkenquerschnitt verteilt ist.

1) $f_M = \frac{Fl^3}{3EJ} = \frac{Fl^3}{3E\frac{bh^3}{12}} = \frac{4Fl^3}{Ebh^3}$ lt. Seiten 59, 53.

2) $f_Q = \gamma l = \frac{\tau l}{G} \approx \frac{Fl}{bhG}$, lt. Seite 23 (näherungsweise).

$$\frac{f_Q}{f_M} = \frac{E}{4G}\cdot\left(\frac{h}{l}\right)^2 .$$

Etwa Stahl: $E \approx 2\cdot 10^6 \frac{kp}{cm^2}$,
$G \approx 8\cdot 10^5$ " .

Es sei $\frac{h}{l} \leq \frac{1}{10}$.

$$\frac{f_Q}{f_M} \leq \frac{20\cdot 10^5}{4\cdot 8\cdot 10^5}\cdot\frac{1}{100} \approx 0{,}006 = 0{,}6\,\% .$$

Diese Abschätzung zeigt, daß die Vernachlässigung des Deformationseinflusses der Schubspannung im Balkenquerschnitt für praktische Zwecke vertretbar ist. Der Fehler ist desto geringer, je schlanker der Balken ist.

Ein Balken, dessen Querschnitt nicht symmetrisch zur Lastebene ist. Deviationsmoment.

Bisher haben wir vorausgesetzt, daß der Balkenquerschnitt symmetrisch zur Lastebene ist. Die Balkendeformation konnte also nur innerhalb der Lastenebene erfolgen. Bei Balkenquerschnitten, die nicht symmetrisch zur Lastebene sind, ist im allgemeinen ein Ausweichen des Balkens aus der Lastenebene zu erwarten. Dies sei an folgendem Beispiel gezeigt:

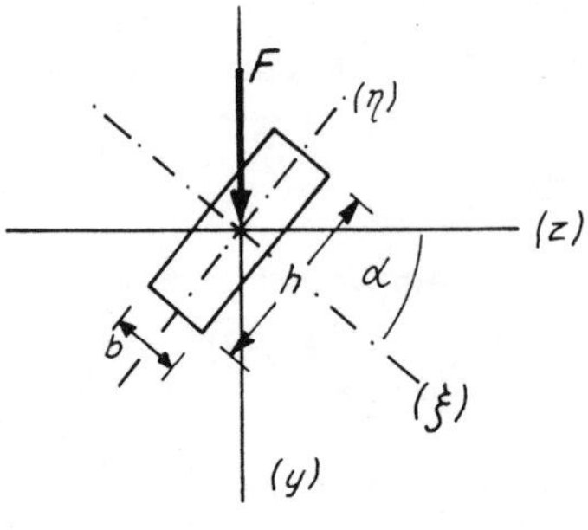

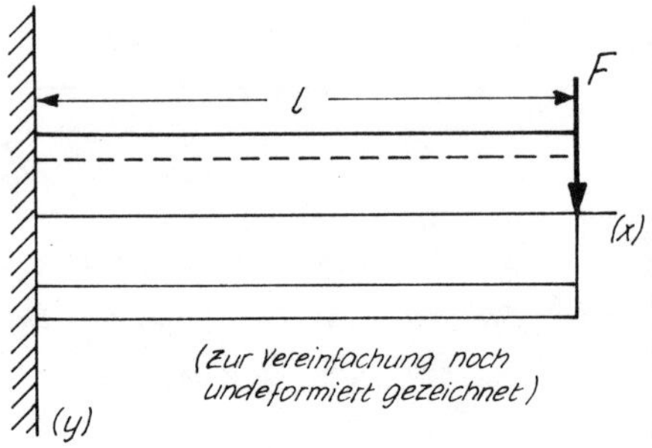

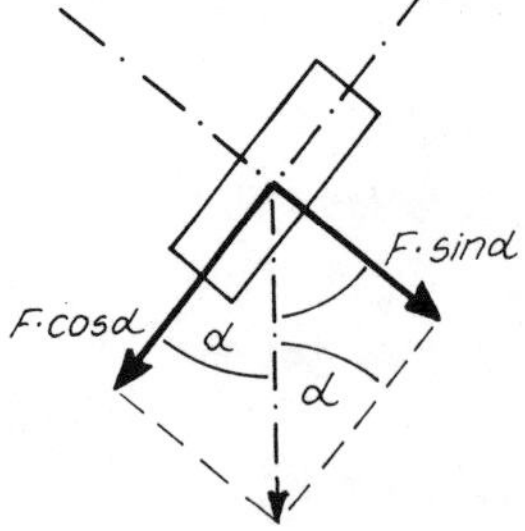

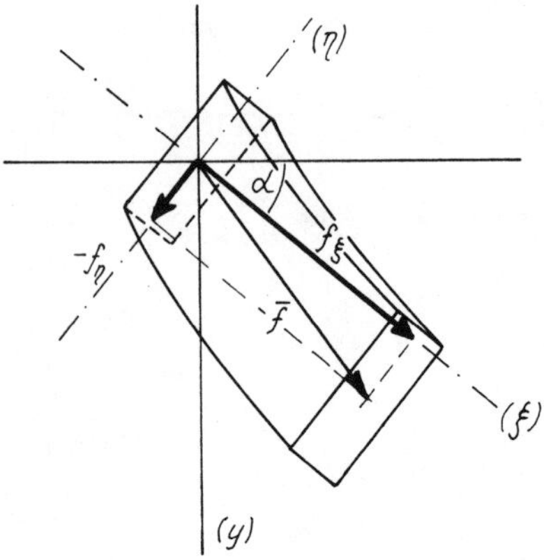

Obenstehende Zerlegung der Last führt auf das bisher Erarbeitete zurück: Nach Seite 59 sind hier die Verschiebungen in Richtung der jeweiligen Kraftkomponente:

$$f_\xi = \frac{F \cdot \sin\alpha \cdot l^3}{3 E J_\eta} = \frac{F \cdot \sin\alpha \cdot l^3}{3 E \cdot \frac{h b^3}{12}} = \frac{4 F \sin\alpha \cdot l^3}{E h b^3}$$

$$f_\eta = \frac{-F \cos\alpha \cdot l^3}{3 E J_\xi} = -\frac{F \cos\alpha \cdot l^3}{3 E \cdot \frac{b h^3}{12}} = -\frac{4 F \cos\alpha \cdot l^3}{E b h^3}$$

Die Verschiebung des Lastenangriffspunktes (hier: Balkenende) hat also im allgemeinen keineswegs die Richtung der Last $\bar{F}$: Der Balken weicht im allgemeinen aus der Lastenebene aus.

Das führt zur allgemeinen Fragestellung: Unter welcher Bedingung wird sich der Balken in der Lastebene deformieren, ohne aus der Lastenebene auszuweichen?

Es wird sich sofort zeigen, daß die Querschnittssymmetrie zur Lastebene hinreichend, doch keineswegs notwendig ist.

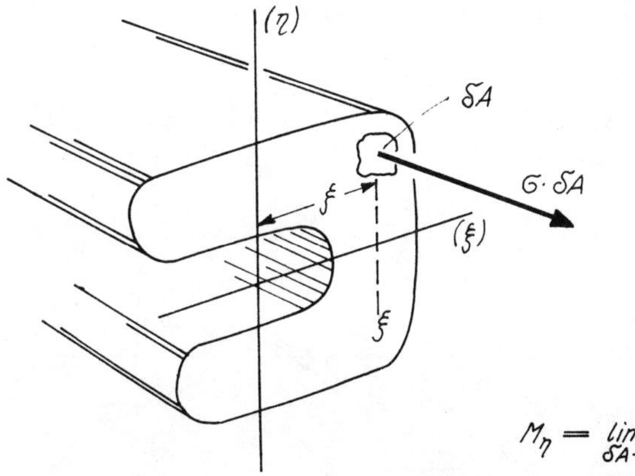

Die Lastebene möge hier durch die η-Achse hindurchgehen.

Der Balken wird seitlich nicht ausweichen, wenn kein Biegemoment um die η-Achse auftritt.

Also kein Ausweichen, wenn:

$$M_\eta = \lim_{\delta A \to 0} \sum^A \xi \sigma \cdot \delta A = \int^A \xi \sigma \cdot dA = 0 ,$$

notwendig und hinreichend.

Nun ist nach Seite 51 $\sigma = \frac{\sigma_{max}}{e} \cdot \eta$, womit folgt:

$$\int^A \xi \cdot \eta \, dA = 0 .$$

Diese Größe $C_{\xi\eta} = \int^{A} \xi\,\eta\,dA$ nennt man das <u>Zentrifugalmoment</u> oder <u>Deviationsmoment</u>. Sie ist in ihrem Zusammenhang mit Querschnittsträgheitsmomenten ausführlich im Anhang S. 101 dargelegt. Dort ist gezeigt, daß jeder beliebige Querschnitt zwei zueinander senkrechte Achsen aufweist, bezüglich welcher diese Größe C verschwindet (Hauptachsen).

D. Ausblick auf Energiemethoden der Elastizitätslehre

1. Deformationsarbeit

Der Begriff der Arbeit (vgl. Seite 16) soll jetzt bei Deformationsvorgängen linear-elastischer Systeme verwendet werden.

Folgende <u>elementare Betrachtungen</u> seien vorausgeschickt.

a) <u>Deformationsarbeit an einem auf Zug bzw. Druck beanspruchten Stabelement konstanten Querschnitts A.</u>

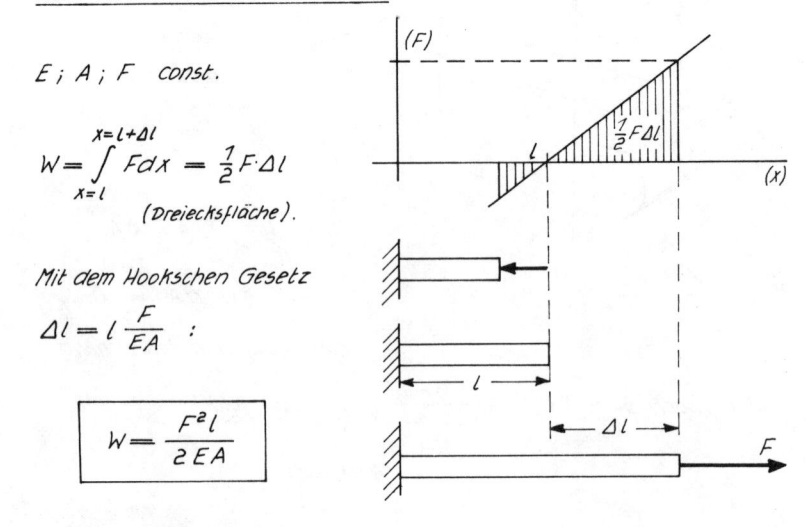

E ; A ; F const.

$$W = \int_{x=l}^{x=l+\Delta l} F\,dx = \frac{1}{2} F \cdot \Delta l$$

(Dreiecksfläche).

Mit dem Hookschen Gesetz

$$\Delta l = l \frac{F}{EA} \quad :$$

$$\boxed{W = \frac{F^2 l}{2EA}}$$

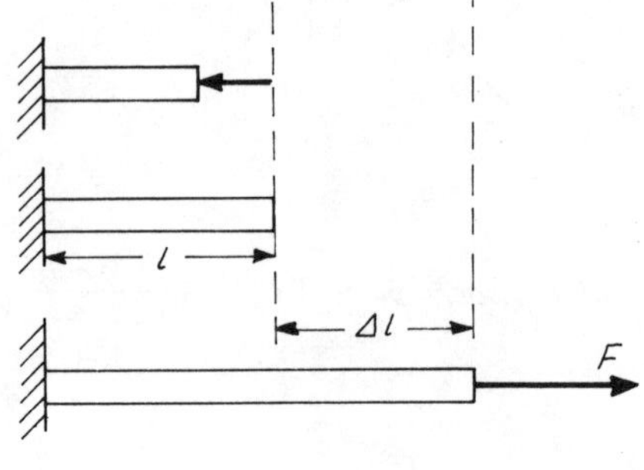

b) Deformationsarbeit bei der Deformation infolge des Angriffs eines Momentes an einem beliebigen linearelastischen Element.

Ein Moment darf immer durch ein Kräftepaar repräsentiert werden (s. Statik, Seite 86).

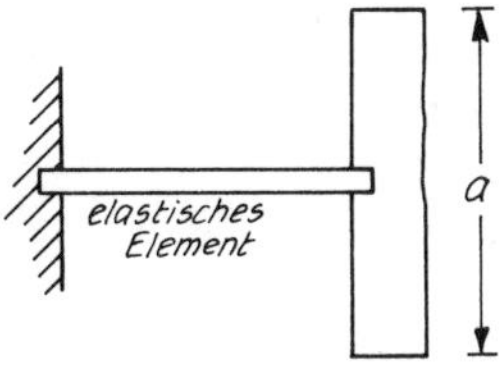

Jm nebenstehenden Modell:

$$W = 2 \cdot \frac{1}{2} F \frac{a}{2} \varphi = \frac{1}{2} \cdot Fa \cdot \varphi \;.$$

$$\boxed{W = \frac{1}{2} M \cdot \varphi} \;,$$

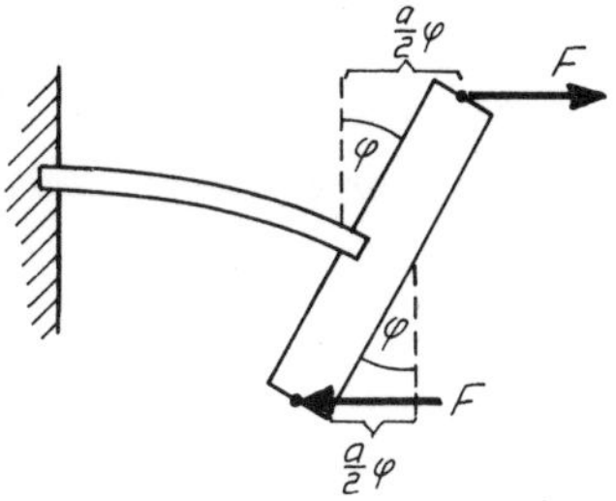

denn auch hier steigt der Betrag der Kraft mit wachsender Verschiebung ihres Angriffspunktes linear an.

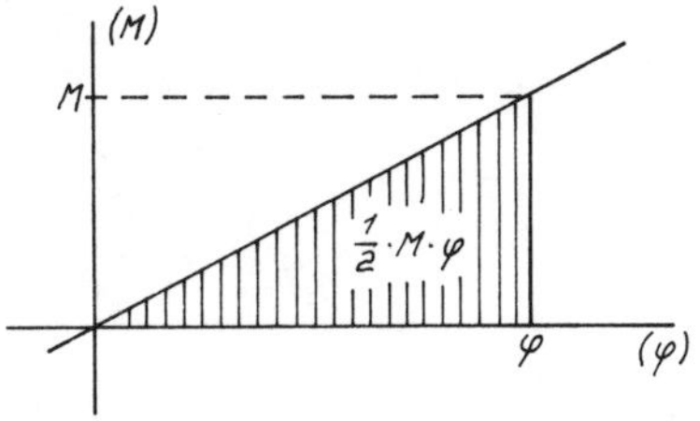

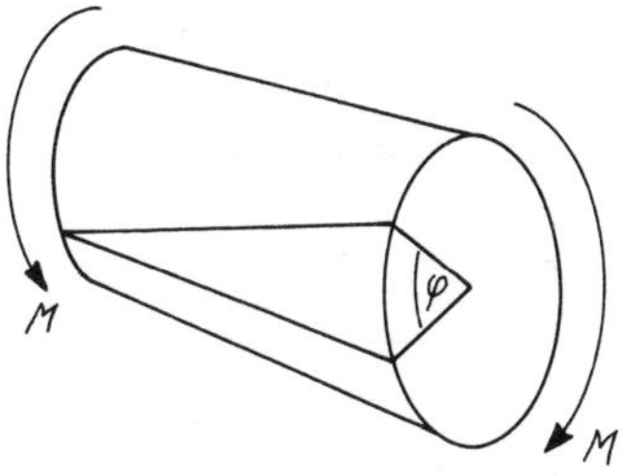

c) Deformationsarbeit bei der Zug- bzw. Druckbeanspruchung eines Stabes beliebigen Querschnittsverlaufes.

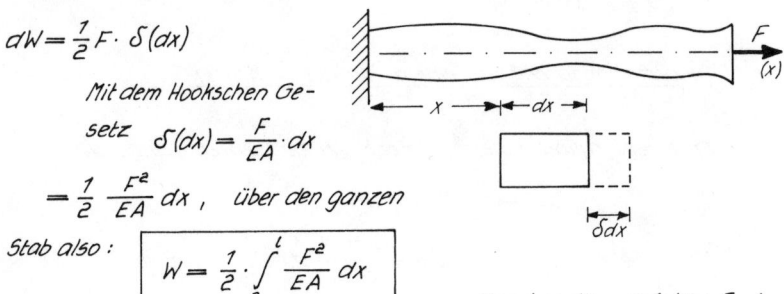

$$dW = \frac{1}{2} F \cdot \delta(dx)$$

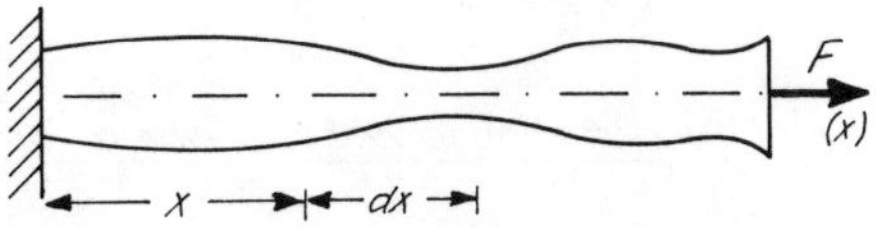

Mit dem Hookschen Gesetz $\delta(dx) = \frac{F}{EA} \cdot dx$

$$= \frac{1}{2} \frac{F^2}{EA} dx \,,$$ über den ganzen

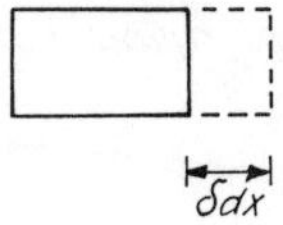

Stab also:

$$\boxed{W = \frac{1}{2} \cdot \int_0^l \frac{F^2}{EA} dx}$$

Man beachte, daß hier E, A

nicht konstant zu sein brauchen, sondern Funktionen von x sein können.

d) Deformationsarbeit an einem Balken unter Einwirkung des Biegemomentes.

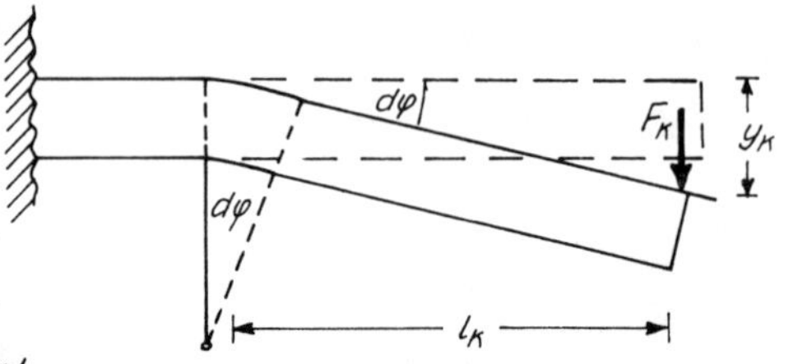

Wir gehen aus von der Arbeit an einem Element eines Balkens.

$$dW = \frac{1}{2} F_K \cdot y_K = \frac{1}{2} F_K \cdot l_K \cdot \frac{y_K}{l_K}$$

$$= \frac{1}{2} M_K \cdot d\varphi \quad .$$

Also für den ganzen Balken, mit x als Längskoordinate :

$$W = \frac{1}{2} \int_{x=0}^{x=l} M \, d\varphi$$

Das wird aber mit

$$M = EJy''$$

$$= EJ \frac{d\varphi}{dx} \, ,$$

$$d\varphi = \frac{M}{EJ} dx \quad .$$

$$W = \frac{1}{2} \int_0^l \frac{M^2}{EJ} dx$$

oder auch

$$W = \frac{1}{2} \int_0^l EJy''^2 dx$$

Nicht nur $M(x)$, sondern auch E und J dürfen veränderlich in Abhängigkeit von x sein.

e) Deformationsarbeit an einem tordierten Körper

An einem zylindrischen Element der gedachten Länge dx

$$dW = \frac{1}{2} M \cdot d\varphi \quad .$$

Nach Seite 49 ist $\quad d\varphi = \frac{M}{GJ_p} \cdot dx \quad .$ $\qquad$ Somit :

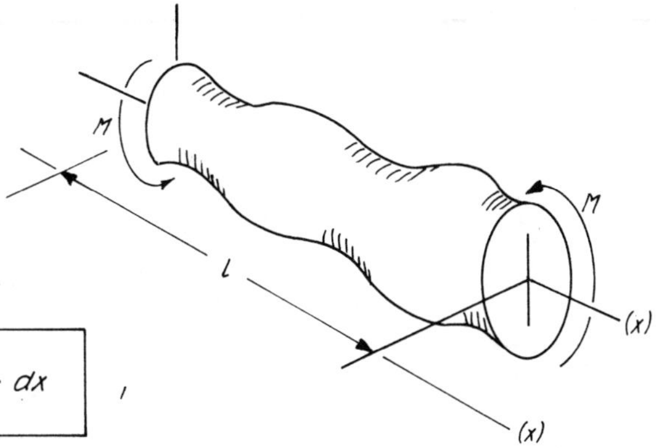

$$dW = \frac{M^2}{2GJ_p} \cdot dx$$

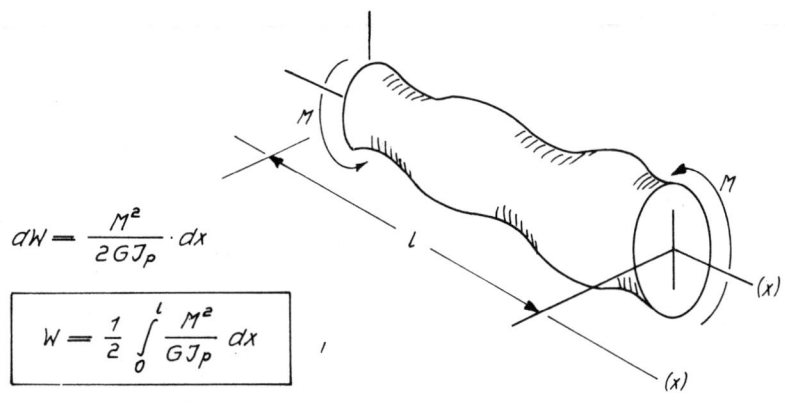

$$\boxed{W = \frac{1}{2} \int_0^l \frac{M^2}{GJ_p} \, dx} \quad ,$$

wobei G – Gleitmodul, J_p – Polares Querschnittsträgheitsmoment sind.

Auch hier können M, G, J_p Funktionen von x sein.

2. Einflußzahlen

Dank dem linearen Charakter unserer Elastizitätstheorie (vgl. Seite 23) kann man einen komplizierten Sachverhalt oft mit Vorteil aus der Überlagerung sehr einfacher Teilsysteme entstanden denken. Besonders bequem ist es oft, dabei die Einflußzahlen zu verwenden.

Zunächst seien Indexbezeichnungen eingeführt:

y_i – Verschiebung (Ortsänderung) an der Stelle i;

y_{ik} – Verschiebung an der Stelle i infolge des Kraftangriffs an der Stelle k;

α_{ik} – Verschiebung an der Stelle i infolge der Kraft vom Betrage 1 an der Stelle k.

Die Größe α_{ik} nennt man eine Einflußzahl.

Sie hat die Dimension $\left[\frac{\text{Länge}}{\text{Kraft}}\right]$.

Damit lassen sich Überlagerungen einzelner Einflüsse ausdrücken ;

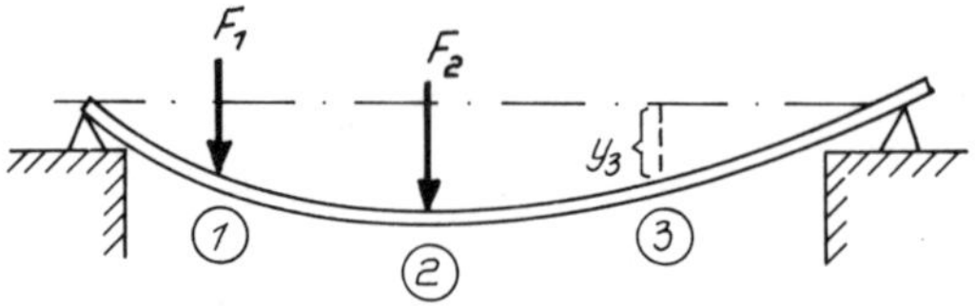

z. B. : $y_3 = F_1 \alpha_{31} + F_2 \alpha_{32}$.

3. Ergänzungsarbeit — Bettischer Satz .

Ein beliebiges linearelastisches System sei von bestimmten Kräften angegriffen. Nach der GA 4, (Seite 21), kann der Deformationszustand durch beliebige Reihenfolge der Lastaufbringung erreicht gedacht werden.

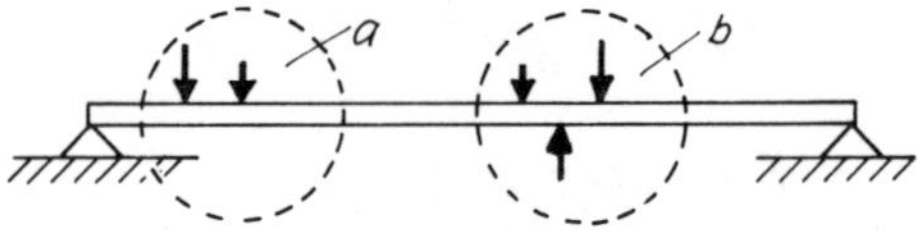

1) Es werde zuerst das Kräfteteilsystem (a) aufgebracht.
Die Deformationsarbeit ist $W_a = \frac{1}{2} \sum^{a} F_i \cdot y_i$.

Sodann werde das Teilsystem der Kräfte (b) aufgebracht.
Die bereits aufliegenden Kräfte des Kräftesystems (a) folgen jetzt mit vollem Betrage der zusätzlichen Verschiebung ihrer Angriffspunkte.
Jnsgesamt ist die Formänderungsarbeit :

$$W = \underbrace{\frac{1}{2} \sum^{a} F_i \, y_i}_{a} + \underbrace{\frac{1}{2} \sum^{b} F_k \, y_k + \sum^{a} F_i \, y_{ik}}_{b,a} . \qquad i \in a . \quad k \in b .$$

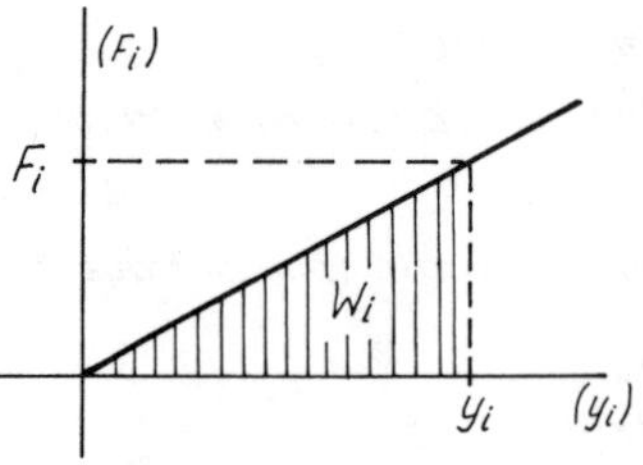

$W_{ii} = \frac{1}{2} F_i \cdot y_{ii}$ (Dreiecksfläche).
Formänderungsarbeit bei Auflegen einer Kraft.

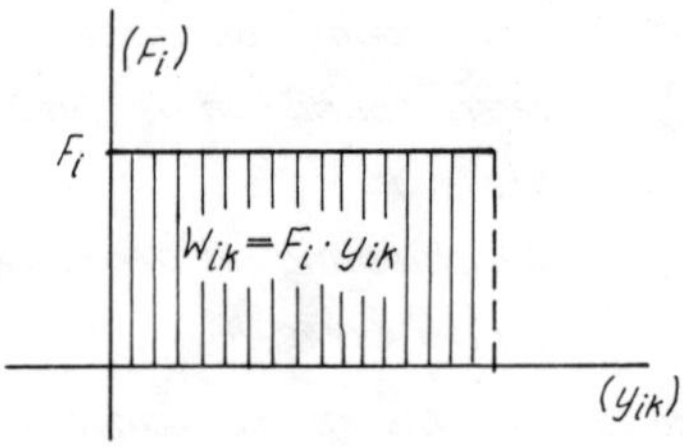

Arbeit einer bereits voll aufliegenden Kraft bei anderwärts veranlaßter Verschiebung ihres Angriffspunktes.

2) Jetzt denken wir uns die umgekehrte Reihenfolge der Aufbringung der Teilsysteme.

Es folgt:
$$W = \underbrace{\frac{1}{2}\sum^{b} F_k y_k}_{b} + \underbrace{\frac{1}{2}\sum^{a} F_i y_i + \sum^{b} F_k y_{ki}}_{a,b} \qquad \begin{matrix} i \in a \\ k \in b \end{matrix}$$

Laut GA 4 (Seite 21) dürfen wir diese aus verschiedener Belastungsreihenfolge erhaltenen Arbeiten gleichsetzen und auch die einzelnen Verschiebungen y_j als jeweils gleich ansehen.

Aus dieser Gleichsetzung verbleibt also die <u>Gleichheit der Ergänzungsarbeiten</u>:
$$\underline{\sum^{a} F_i y_{ik} = \sum^{b} F_k y_{ki}} \qquad \begin{matrix} i \in a \\ k \in b \end{matrix}$$

Dieser Bettische Satz spezialisiert sich sehr bemerkenswert im Falle insgesamt nur zweier Laststellen.

4. Der Maxwellsche Satz

Liegen insgesamt nur zwei Laststellen vor, so spezialisiert sich der Bettische Satz zu
$$F_1 \cdot y_{12} = F_2 y_{21} .$$

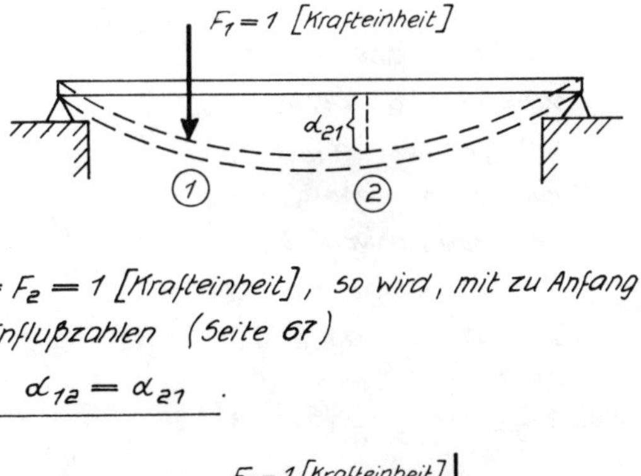

Setzt man insbesondere $F_1 = F_2 = 1$ [Krafteinheit], so wird, mit zu Anfang dieses Kapitels definierten Einflußzahlen (Seite 67)
$$\underline{\alpha_{12} = \alpha_{21}} .$$

Auslenkungsort und Angriffsort einer Einheitskraft sind vertauschbar.

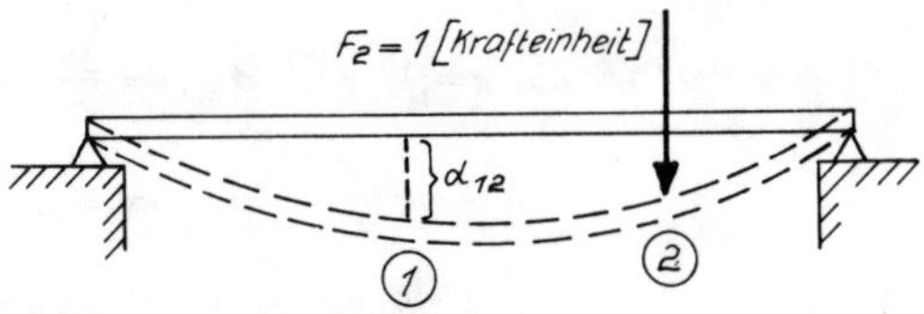

Das ist von ungeheurer praktischer Bedeutung in der Elastizitätslehre und in der Dynamik elastischer Systeme.

N.B. : Als Erläuterungsskizze ist das Bild eines Balkens am bequemsten, doch gilt alles Obige für beliebig gestaltete linearelastische Systeme.

Die geradezu gewaltigen Vorteile dieser Tatsache seien an einem Beispiel gezeigt. Man versuche, die nachstehende Aufgabe einmal ohne den Maxwellschen Satz, durch Zusammensetzung der elastischen Linien zu lösen.

Aufgabe :

Gegeben : F.

Gesucht : Stützkraft A.

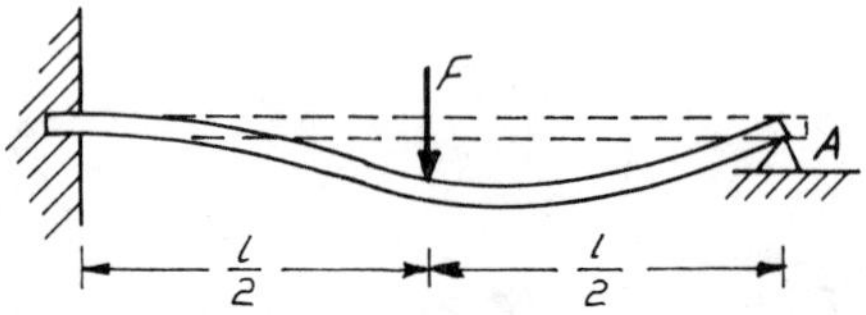

Wir wollen uns hier der elastischen Linie des Kragbalkens (Seite 59), $y = \frac{F}{6EJ}(3lx^2 - x^3)$, und des Maxwellschen Satzes bedienen.

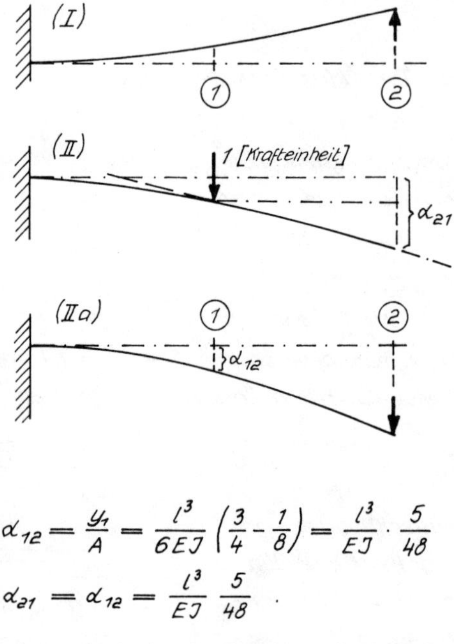

Aus $y_2 = \frac{Al^3}{3EJ}$ wird hier

$$\frac{y_2}{A} = \alpha_{22} = \frac{l^3}{3EJ}.$$

α_{21} zu errechnen ist umständlich. Statt dessen wollen wir daher α_{12} ermitteln und dann $\alpha_{21} = \alpha_{12}$ benutzen, obwohl IIa eine völlig andere elastische Linie erzeugt als II.

Aus $y_1 = \frac{A}{6EJ}(3lx^2 - x^3)$

erhalten wir für $x = \frac{l}{2}$: $\alpha_{12} = \frac{y_1}{A} = \frac{l^3}{6EJ}\left(\frac{3}{4} - \frac{1}{8}\right) = \frac{l^3}{EJ} \cdot \frac{5}{48}$.

Somit : $\alpha_{21} = \alpha_{12} = \frac{l^3}{EJ}\,\frac{5}{48}$.

Nun soll aber bei A überhaupt keine Auslenkung entstehen, da dort ein starres Lager gedacht werden soll.

Somit : $y_A = \alpha_{22} \cdot A + \alpha_{21} \cdot F = 0$.

Daraus : $$\boxed{A = F \frac{\alpha_{21}}{\alpha_{22}} = F \frac{\frac{5}{48}}{\frac{1}{3}} = F \cdot \frac{5}{16}}$$

5. Der Satz von Castigliano

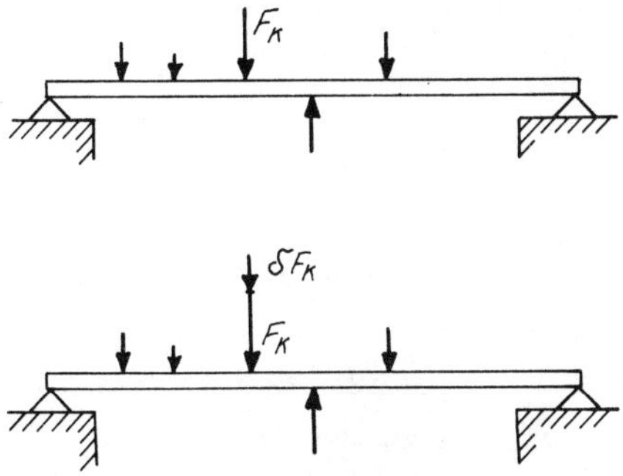

In einem beliebigen linearelastischen System möge eine der Lasten F_K um eine Größe δF_K verändert (variiert) werden.

Daraufhin denken wir uns — umgekehrt — zuerst nur δF_K vorhanden und dann alle übrigen Lasten hinzugefügt. Nach dem Bettischen Satz (Seite 69) sind die Ergänzungsarbeiten gleich :

(1) $$\sum F_i \cdot y_{i,\delta K} = \delta F_K \cdot \sum y_{Ki} .$$

Die gesamte Deformationsarbeit ist im allgemeinen eine Funktion der Lasten, welche unabhängige Variable darstellen :

$$W = W(F_1 ; F_2 ; \ldots ; F_n) .$$

Jetzt wurde nur eine Variable F_K variiert, somit ist im vorliegenden Falle :

(2) $$\delta W = \frac{\partial W}{\partial F_K} \cdot \delta F_K .$$

Anderseits ist aber bei nachträglichem Auflegen des δF_K die dann hinzukommende Deformationsarbeit :

(3) $$\delta W = \sum F_i \, y_{i,\delta K} + \frac{1}{2} \delta F_K \cdot y_{K,\delta K} .$$

(2) = (3) und Verwendung von (1) ergibt :

$$\frac{\partial W}{\partial F_K} \cdot \delta F_K = \delta F_K \cdot \sum y_{Ki} + \frac{1}{2} \delta F_K \cdot y_{K,\delta K}$$

$$\sum y_{K,i} = \frac{\partial W}{\partial F_K} - \frac{1}{2} y_{K,\delta K} .$$

Nun ist hier

1) $\sum y_{ki} = y_k$ einfach die ganze Verschiebung an der Stelle k ,

2) $y_{k,\vartheta_k} = \vartheta F_k \cdot \alpha_{kk}$, also $\lim\limits_{\vartheta F_k \to 0} y_{k,\vartheta_k} = 0$

Somit bleibt

$$y_k = \frac{\partial W}{\partial F_k} \tag{4}$$

Jnsbesondere aber für eine starr gelagerte Stelle des Systems, die aus strukturellen Gründen keine Verschiebung erfahren soll

$$0 = \frac{\partial W}{\partial F_k} \tag{4a}$$

wobei hier F_k die Lagerkraft bedeutet .

Wir haben gesehen (Seite 65), daß man in den den Arbeitsbegriff beinhaltenden Beziehungen das Moment statt der Kraft antrifft, wenn man in solcher Gleichung die Verschiebung durch den Verdrehungswinkel ersetzt. Jn der Tat gelangt man auch hier durch die obige analoge Herleitung zu

$$\varphi_k = \frac{\partial W}{\partial M_k} \tag{5}$$

und insbesondere für eine Stelle starrer Einspannung, die keine Verdrehung erlauben soll

$$0 = \frac{\partial W}{\partial M_k} \tag{5a}$$

Soll in diese Castiglianoschen Formeln ein Arbeitsausdruck eingeführt werden, der noch als ein Jntegral über eine Ortskoordinate geschrieben ist, so darf natürlich unter dem Jntegralzeichen partiell differenziert werden, da es sich um eine völlig andere Variable handelt :

<u>Durchbiegung eines Balkens an einer Kraftangriffsstelle k</u> :

Mit $W = \frac{1}{2} \int_0^l \frac{M^2}{EJ} dx$ von der Seite 66 wird die Formel (4) :

$$y_k = \frac{\partial W}{\partial F_k} = \frac{\partial}{\partial F_k} \left[\frac{1}{2} \int_0^l \frac{M^2}{EJ} dx \right] = \int_0^l \frac{M}{EJ} \cdot \frac{\partial M}{\partial F_k} dx$$

Jst insbesondere E, J konstant, so wird daraus

$$y_k = \frac{1}{EJ} \int_0^l M \frac{\partial M}{\partial F_k} dx \quad ; \qquad E, J \text{ const.}$$

<u>Entsprechend für die Torsion</u> : Obige Formel (5) mit $W = \frac{1}{2} \int_0^l \frac{M_t^2}{G J_p} dx$ (von S. 67)

$$\varphi = \frac{\partial W}{\partial M} = \int_0^l \frac{M}{G J_p} dx \quad ,$$

was eine auch direkt zu erhaltende Verallgemeinerung des Ausdrucks auf der Seite 49 ist. Bei einem starren Lager ist $y_k = 0$, bei einer Einspannung $\varphi = 0$, womit man Lagerkräfte bzw. Einspannungsmomente errechnen kann.

Nun einige, die Macht dieser Ergebnisse eindrucksvoll zeigende <u>Beispiele</u> :

1. <u>Gegeben</u> : Kragbalken, J, E, l, F.

<u>Gesucht</u> : Größte Durchbiegung f.

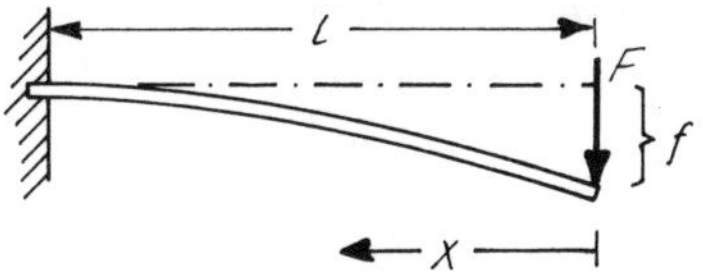

$$M(x) = -F \cdot x \quad ; \quad \frac{\partial M}{\partial F} = -x \; .$$

$$f = \frac{1}{EJ} \int_0^l M \frac{\partial M}{\partial F} dx = \frac{F}{EJ} \int_0^l x^2 dx = \frac{F l^3}{3 E J} \; .$$

2. Durchbiegung einer Stelle, an der keine Kraft wirkt : Man nehme dort eine Kraft an und lasse sie im Ergebnis verschwinden. <u>Beispiel</u> :

<u>Gegeben</u> : J, E, l, F.

<u>Gesucht</u> : Durchbiegung des freien Endes.

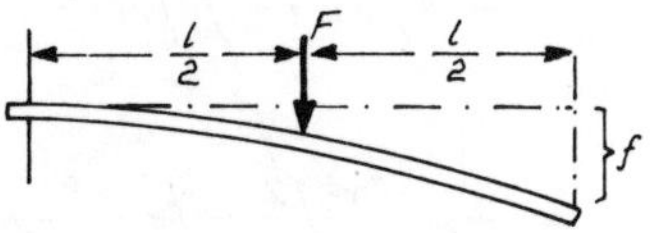

Vorübergehend nehmen wir am freien Ende ein F_0 an :

$$M_I = -F_0 x \quad ; \qquad \frac{\partial M_I}{\partial F_0} = -x \; .$$

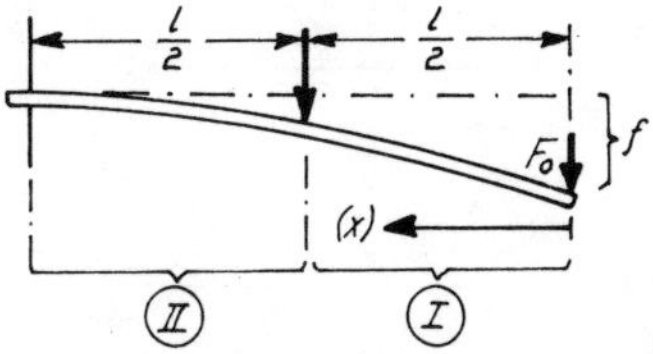

$$M_{II} = -F_0 x - F\left(x - \frac{l}{2}\right); \qquad \frac{\partial M_{II}}{\partial F_0} = -x .$$

Sodann :

$$f = \lim_{F_0 \to 0} \frac{1}{EJ} \left\{ \int_0^{\frac{l}{2}} M_I \frac{\partial M_I}{\partial F_0} dx + \right.$$

$$\left. + \int_{\frac{l}{2}}^{l} M_{II} \frac{\partial M_{II}}{\partial F_0} dx \right\}$$

$$\underline{f} = \lim_{F_0 \to 0} \frac{1}{EJ} \left\{ F_0 \int_0^{\frac{l}{2}} x^2 dx + \int_{\frac{l}{2}}^{l} \left[F_0 x^2 + F x^2 - F \frac{l}{2} x \right] dx \right\} = \underline{\frac{5}{48} \frac{F l^3}{EJ}}$$

3. Sucht man eine Lagerkraft, so setze man dort die Durchbiegung gleich Null : <u>Beispiel</u> :

Momente wie im vorigen Beispiel, nur ist die Lagerkraft umgekehrt als F_0 gerichtet :

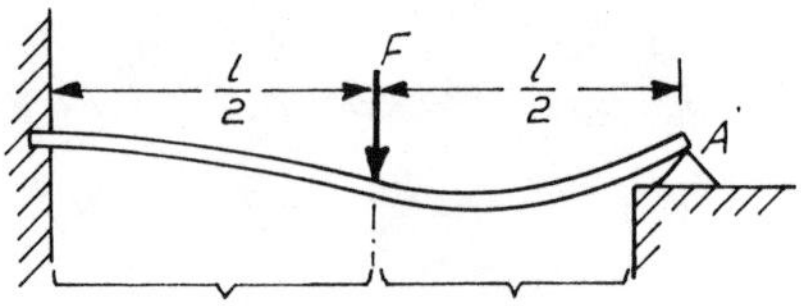

$$M_I = A \cdot x \; ; \qquad \frac{\partial M_I}{\partial A} = x .$$

$$M_{II} = +Ax - F\left(x - \frac{l}{2}\right); \qquad \frac{\partial M_{II}}{\partial A} = x .$$

$$f_A = 0 = \frac{1}{EJ} \left\{ \int_0^{\frac{l}{2}} M_I \frac{\partial M_I}{\partial A} dx + \int_{\frac{l}{2}}^{l} M_{II} \frac{\partial M_{II}}{\partial A} dx \right\}$$

$$= A \int_0^{\frac{l}{2}} x^2 dx + \int_{\frac{l}{2}}^{l} \left[A x^2 - F x^2 + F \frac{l}{2} x \right] dx$$

$$0 = A \left[\frac{x^3}{3} \right]_0^{\frac{l}{2}} + \left[A \frac{x^3}{3} - F \frac{x^3}{3} + F \frac{l x^2}{4} \right]_{\frac{l}{2}}^{l}$$

$$\underline{A = \frac{5}{16} F .} \qquad \text{(vgl. Seite 70)}$$

Kapitel III : # Festigkeitslehre

A. Grenzspannung, Sicherheit, zulässige Spannung.

Die Festigkeitslehre überschreitet natürlich ihrer Aufgabe gemäß den Bereich, in dem unsere elastizitätstheoretische Idealisierung — der linear-elastische Körper — anwendbar ist.

Die Frage des Versagens des Materials stellt uns endgültig vor den realen Körper. Die Behandlung solcher Fragen liegt also naturgemäß außerhalb unserer bisherigen Axiomatik und ist vielmehr rein experimentell bedingt.

Die wichtigsten experimentellen Grundlagen sind

der Zug- bzw. Druckversuch	(statisch bzw. periodisch),
der Biegeversuch	(statisch bzw. periodisch),
der Scherversuch	(statisch).

Bei der Gestaltung der Konstruktionsteile, Bestimmung ihrer Belastbarkeit und der Materialwahl wird auf folgende Begriffe abgezielt:

Grenzspannung, Sicherheit, Zulässige Spannung.

Grenzspannung.

Man ermittelt für das vorliegende Material experimentell eine Spannungsgröße, bei welcher irgendeine Art Versagen auftritt: zähes Material beginnt zu fließen (Fließgrenze), ein anderes Material beginnt bleibende Verformungen beizubehalten (Dehngrenze), ein sprödes Material bricht ohne Voranzeichen u. dgl., je nach Art des Materials. Eine solche Spannungsgröße wird man für eine bei dem betreffenden Material geeignete Grenzspannung (äußerste Grenze der Brauchbarkeit) erklären.

Bekannteste Beispiele der Grenzspannung sind Fließspannung oder Bruchspannung aus dem Zug- bzw. Druckversuch:

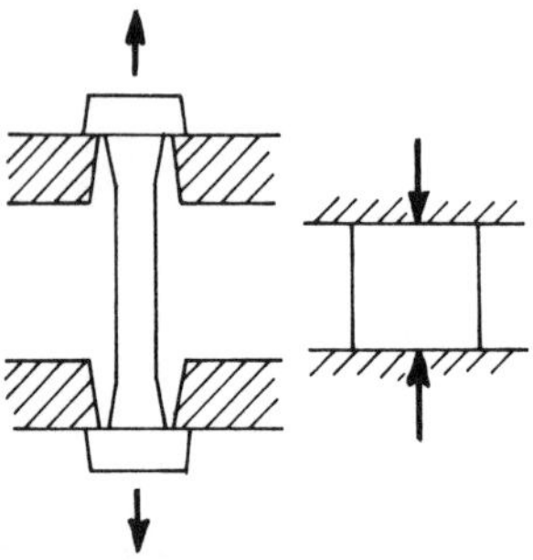

Zug- Druckversuch

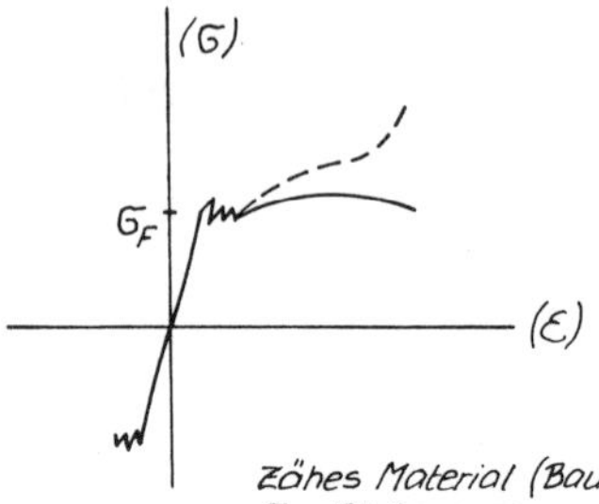

Zähes Material (Baustahl)
σ_F - Fließgrenze

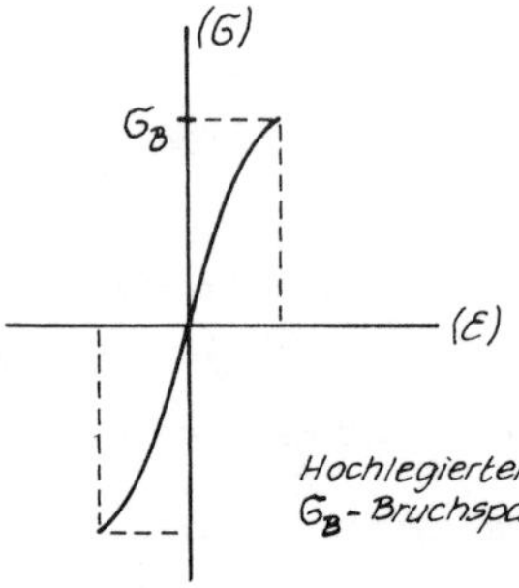

Hochlegierter Stahl.
σ_B - Bruchspannung.

Tritt aber die Frage der Stabilität auf, etwa Druckbeanspruchung eines schlanken Stabes, so ist selbstverständlich zu beachten, daß die oft niedrigere Knickspannung statt der vom Material höchstens ertragenen Druckspannung als Grenzspannung anzusehen ist.

Allgemein: Stabilitätsgrenzen haben Vorzug, sofern diese Beanspruchungen unter den Festigkeitsgrenzen liegen. Dann ist die Grenzspannung also nicht festigkeitsmäßig, sondern schon stabilitätsmäßig gegeben.
(Vgl. Kapitel IV, Stabilität, Seite 91)

Sicherheit.

Eine Annäherung an eine solche Grenzspannung wird man bei technischen Objekten natürlich nicht zulassen, vielmehr nur einen Teil dieser Größe für die Belastung des vorliegenden Konstruktionselementes akzeptieren.
Hierzu definiert man:

$$\text{Sicherheit} = \frac{\text{Geeignete Grenzspannung}}{\text{Größte auftretende Spannung}}$$

Zulässige Spannung.

Wünschen wir eine bestimmte Sicherheit, so werden wir höchstens solche größte auftretende Spannung zulassen, die diese Sicherheit wahrt, d.h. aus dem Obigen:

$$\text{Zulässige Spannung} = \frac{\text{Grenzspannung}}{\text{Sicherheit}}$$

Die Materialwahl, Entscheidung über die Sicherheit, Gestaltung und Belastbarkeit des Konstruktionsteils erfolgen also grundsätzlich im Hinblick auf die obigen Begriffe.

B. Einachsig beanspruchte Konstruktionselemente.

Es sei bemerkt, daß aus den früheren Jahrzehnten her in der Fachliteratur folgende Bezeichnungen I, II, III überliefert sind:

Ruhende Belastung .... I ;
Schwellende Belastung ..... II ;
Wechselnde Belastung ...... III .

1. Ruhende Belastung

a) Konstruktionselemente ohne wesentliche Kerben oder Bohrungen.

Es wird herkömmlicherweise einfach die Nennspannung $\sigma_n = \frac{F}{A}$ ermittelt, was erfahrungsgemäß die tatsächlich auftretende Spannung im allgemeinen hinreichend wiedergibt.
Handelt es sich insbesondere um Druckspannung, so muß bei schlanken Bauteilen nicht auf eine Grenzspannung des Materials, sondern auf die Stabilitätsgrenze (Knickspannung) Bezug genommen werden. (Siehe Kapitel IV, Stabilität, Seite 91).

b) Konstruktionselemente mit Kerben oder Bohrungen.

Hier müssen örtlich auftretende Spannungserhöhungen berücksichtigt werden. Z.B.:

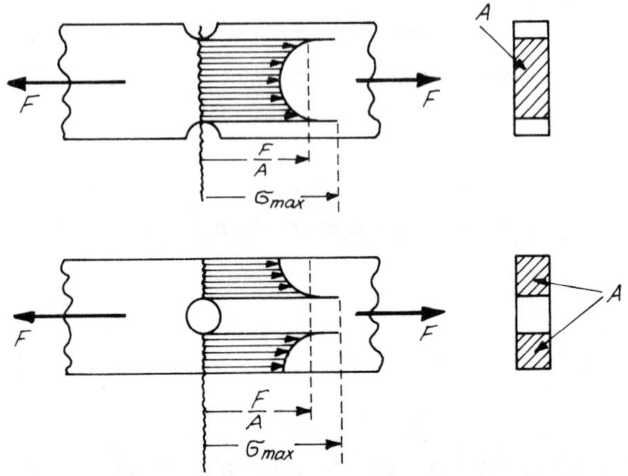

Diese örtlich erhöhten Spannungswerte σ_{max} berücksichtigt man in der Praxis durch einen Korrekturfaktor, die Formziffer (oder Formzahl) α_K, die man zu der Nennspannung $\sigma_n = \frac{F}{A}$ hinzumultipliziert:

$$\sigma_{max} = \alpha_K \cdot \sigma_n = \alpha_K \cdot \frac{F}{A}$$

Die Formziffer erweist sich glücklicherweise allein durch die geometrischen Verhältnisse, nicht durch die Werkstoffart bedingt.
Jn der einschlägigen Literatur findet man sie daher in Diagrammen über den maßgebenden Verhältnisgrößen aufgetragen. Hier Skizze eines

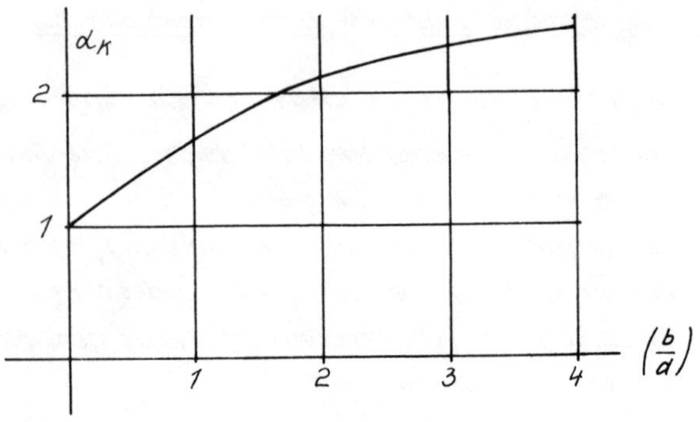

Diagrammbeispiels.

Gelochter Stab: $\alpha_K = f\left(\frac{b}{d}\right)$

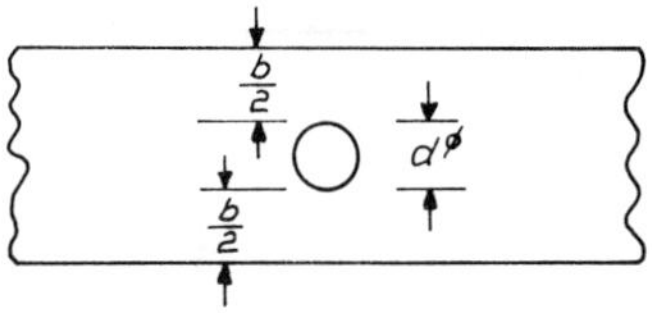

NB:

Die hier ermittelte Größe σ_{max} erweist sich nur bei ruhenden Belastungen als maßgebend, ist aber nicht maßgebend für das Versagen bei periodisch veränderlichen Belastungen.

2. Periodisch veränderliche Beanspruchung (II bis III)

Wird das Konstruktionselement häufig be- und entlastet oder gar völlig periodisch veränderlicher Beanspruchung ausgesetzt, so interessiert die Dauerfestigkeit.

Die Dauerfestigkeit wird in Dauerversuchen (Milionen von Lastspielen) ermittelt. Den periodischen Laständerungen kann man im allgemeinen auch eine konstante Vorspannung σ_m überlagern, $\sigma_m = \frac{\sigma_o + \sigma_u}{2}$.

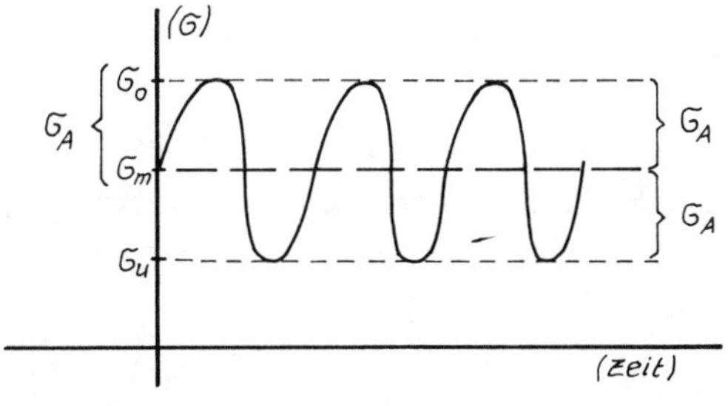

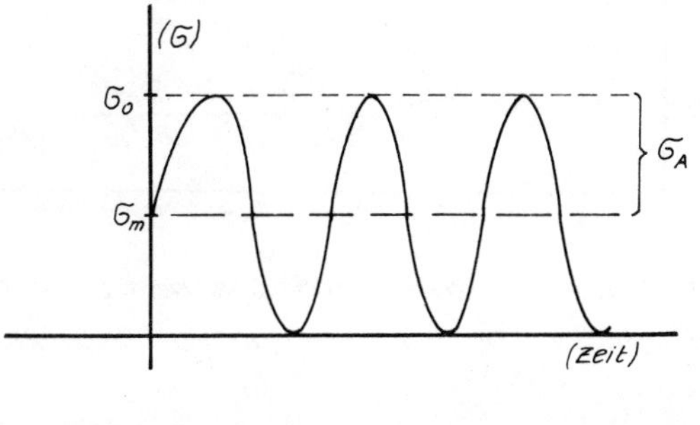

Schwellende Belastung
(herkömmlich: „Fall II")

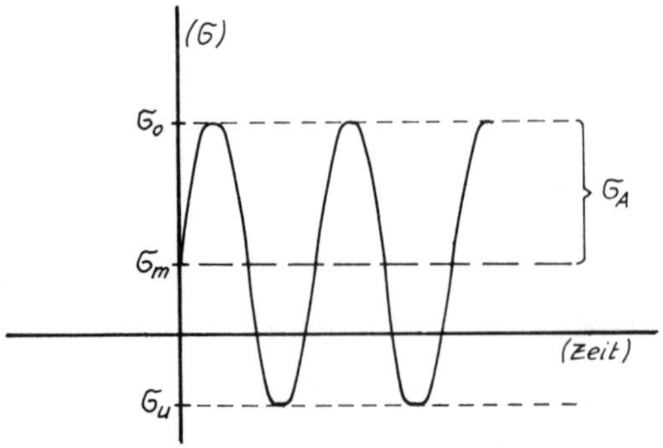

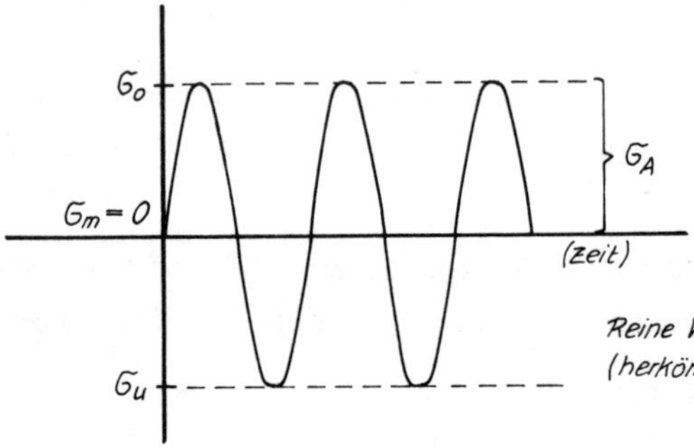

Reine Wechselbelastung
(herkömmlich „Fall III")

σ_A – Amplitude

I.a. bricht die Probe nach einer bestimmten Zahl der Lastspiele. Für eine Versuchsreihe zu einer bestimmten Vorspannung σ_m mit variierter Amplitude σ_A gilt einleuchtenderweise: Je kleiner σ_A, desto mehr Lastspiele verträgt die Probe bis zum Bruch. Es entsteht die <u>Wöhler-Kurve</u>.

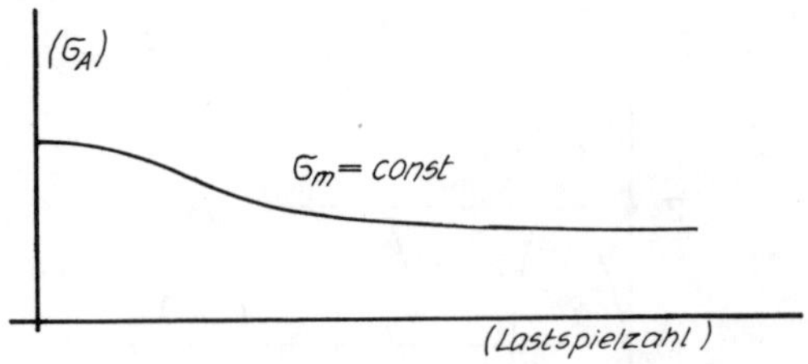

Es ist zweckmäßig, statt über der Lastspielzahl über dem Logarithmus aus der Lastspielzahl aufzutragen. Dann kommen auch die asymptotischen

Tendenzen des Kurvenverlaufs besser zum Ausdruck.

Den schätzungsweisen asymptotischen Wert nennt man die Dauerfestigkeit σ_D.

Insbesondere für den vorspannungsfreien Fall — reine Wechselbeanspruchung — heißt diese Dauerfestigkeit Wechselfestigkeit σ_W.

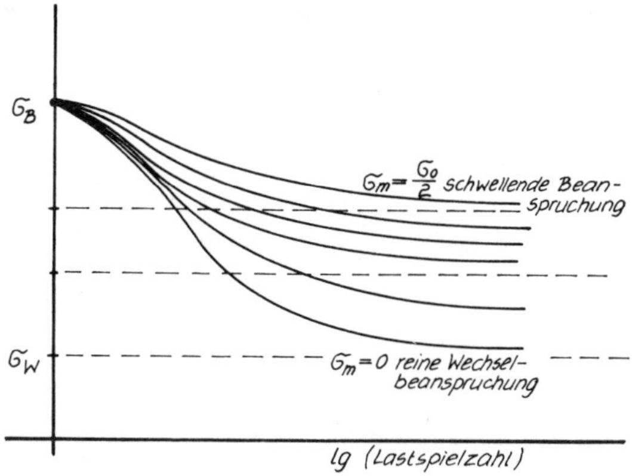

Aus vielen Reihen der Wöhler-Kurven läßt sich dann das nebenstehende Dauerfestigkeitsdiagramm für ein gegebenes Material konstruieren.

Innerhalb der Grenzkurve in diesem Diagramm ist die Dauerfestigkeit gewahrt; diese Grenzkurve stellt also geeignete Grenzspannungswerte für eine periodisch veränderliche Belastung dar.

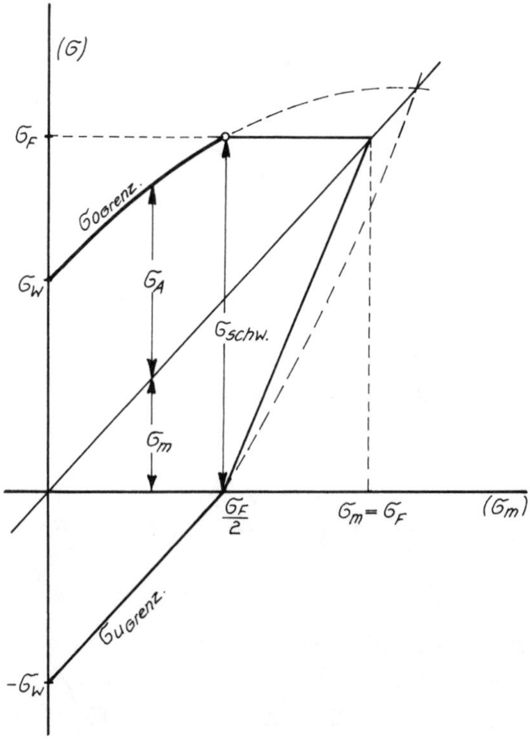

a) Bei ungekerbten Konstruktionselementen wird man die Sicherheit gegen einen solchen Grenzspannungswert wählen und dadurch den zulässigen

Größtwert der periodisch veränderlichen auftretenden Spannung bestimmen.

b) <u>Bei gekerbten Körpern</u> (Kerben, Bohrungen) ist der für ruhende Belastung maßgebende Wert $\sigma_{max} = \alpha_K \cdot \sigma_n$ leider nicht maßgebend. Vielmehr muß die dem Dauerfestigkeitsdiagramm entnommene Grenzspannung durch die <u>Kerbwirkungszahl β_K</u> korrigiert werden:

$$\text{Statt} \quad \sigma_{0_{Grenz.}} \quad \text{hier} \quad \frac{\sigma_{0_{Grenz.}}}{\beta_K}$$

Gegen diese korrigierte Grenzspannung ist hier die Sicherheit zu wählen.

Bedauerlicherweise ist β_K — im Gegensatz zu α_K — materialabhängig. Die einschlägige Literatur gibt mehrere experimentell bestätigte Bestimmungsmöglichkeiten für β_K an.

C. Mehrachsig beanspruchte Körper

1. Reine Scherung

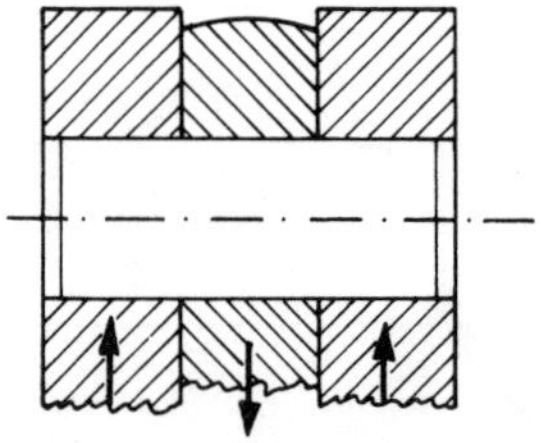

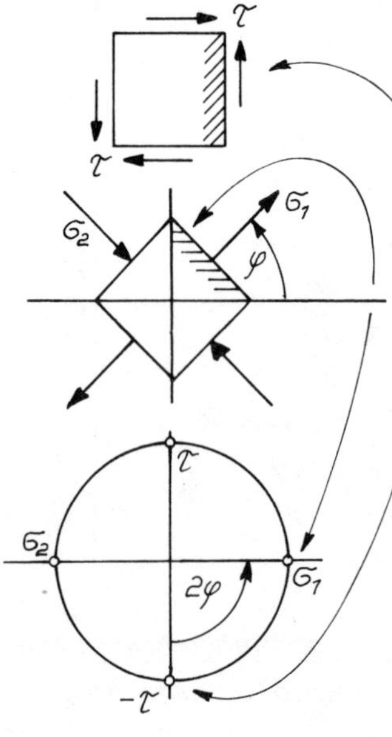

Es sei hier ein häufiger, besonders einfacher Spezialfall einer praktisch wichtigen zweiachsigen Beanspruchungsart vorweggenommen, weil hier die Festigkeitsfrage durch einen sehr einfachen Versuch erledigt

zu werden pflegt : den Scherversuch.
Die Schubspannung τ_B , bei der Versagen eintritt, ist eine geeignete Grenzspannung, gegen welche die Sicherheit bei reiner Schubbeanspruchung zu wählen ist.
Es sei daran erinnert, Seite 44, daß die Spannungshauptachsen gegen die Schnittrichtungen reinen Schubes um 45° gedreht sind und die beiden Hauptspannungen gleichen Betrag, aber entgegengesetztes Vorzeichen haben.

2. Allgemeine räumliche Beanspruchung — Festigkeitshypothesen.

Reduktion eines mehrachsigen Spannungszustandes auf einen einachsigen Spannungszustand.

Die zuverlässigsten Kennwerte der Festigkeit eines Materials, die als Grenzspannungen verwendet werden können, entstammen der einachsigen Beanspruchung — dem Zug- bzw. Druckversuch.

Anderseits sollen die Konstruktionselemente komplizierten — mehrachsigen — Spannungszuständen ausgesetzt werden. Es stellt sich die Aufgabe, aus einem solchen mehrachsigen Spannungszustand eine Vergleichsspannung so zu errechnen, daß der komplizierte Fall mit dem einachsigen festigkeitsmäßig vergleichbar wird.

Die unübersehbare Vielfalt im Mikroverhalten des Materials ist allein schon wegen der Zufälligkeiten der einzelnen Kristallite und deren Grenzen analytisch nicht zugänglich. Es bleibt der Weg, eine pauschale Erfassung durch Hypothesen zu versuchen, welche der Erfahrung möglichst gerecht sein sollen.

Jm folgenden sind die wichtigsten Hypothesen etwa in ihrer historischen Reihenfolge geschildert.
[Zu den folgenden Darstellungen vergegenwärtige man sich die kurzen Ausführungen über den räumlichen Spannungszustand, Seite 47].

a) Normalspannungshypothese ist die Annahme, daß die größte Normalspannung für das Versagen maßgebend ist. Das ist die größte unter den Hauptspannungen.

Demnach ist die Vergleichsspannung:

$$\sigma_V = \sigma_I = \sigma_{max}.$$

Diese Hypothese hat sich nur bei sehr spröden Körpern in etwa bewährt.

Allgemeiner Fall: räumlich beanspruchter Körper.

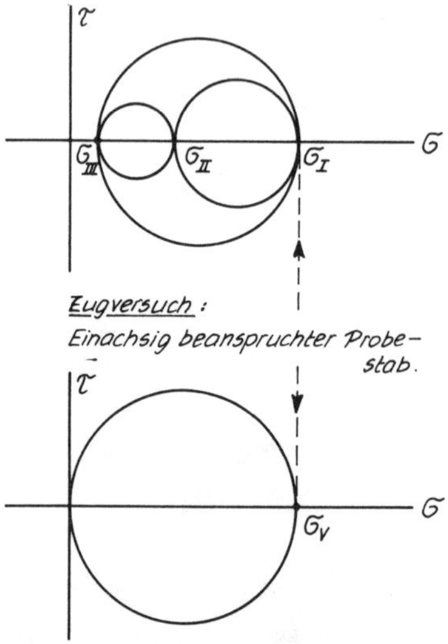

b) Die Hypothese der größten Schubspannung nimmt an, daß die größte Schubspannung für das Versagen maßgebend ist — denn die Schubspannung wird das Gleiten der Kristallite gegeneinander auslösen.

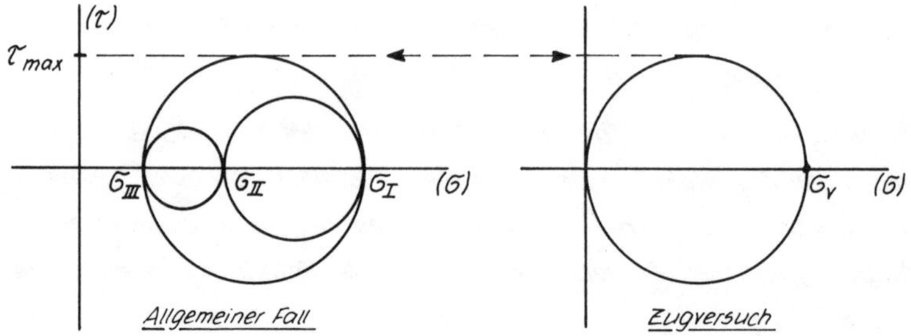

Demnach: Vergleichbar, wenn der Radius des größten Mohrschen Kreises im allgemeinen Fall gleich dem Radius des Mohrschen Kreises im Zugversuch ist:

$$\sigma_V = \sigma_{I\,(max)} - \sigma_{III\,(min)}.$$

Bei zähen Materialien hat sich das in etwa bewährt. Diese Hypothese überlebte bis in unsere Zeit. Darauf gegründete Berechnungen zeigen im Vergleich zu anderen Hypothesen eine Tendenz zur sicheren Seite hin.

c) Die Hypothese der größten Dehnung vertrat die naheliegende Annahme, eine allzu ansteigende Entfernung der gedachten Materialpartikel voneinander löse das Versagen aus. So naheliegend die Annahme erscheint, hat sich diese Hypothese doch nicht behaupten können.

d) Die Hypothese von Mohr ist die Annahme, daß eine für das betreffende Material charakteristische Grenzkurve im Mohrschen σ, τ – Diagramm nicht überschritten werden darf.

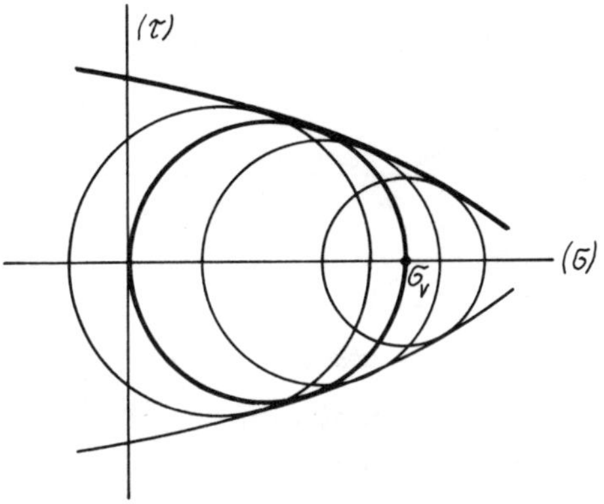

Die einfachste Näherung: gerade Grenzkurven.

Spröde Werkstoffe: vertragen den Druck besser als den Zug:

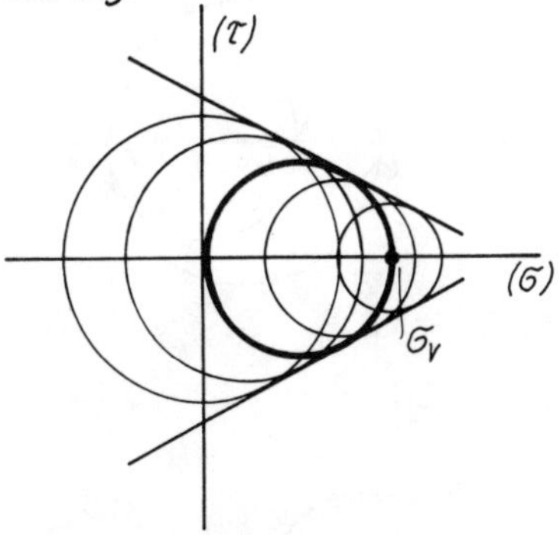

Zähe Stoffe: reagieren auf Zug wie auf Druck gleich:

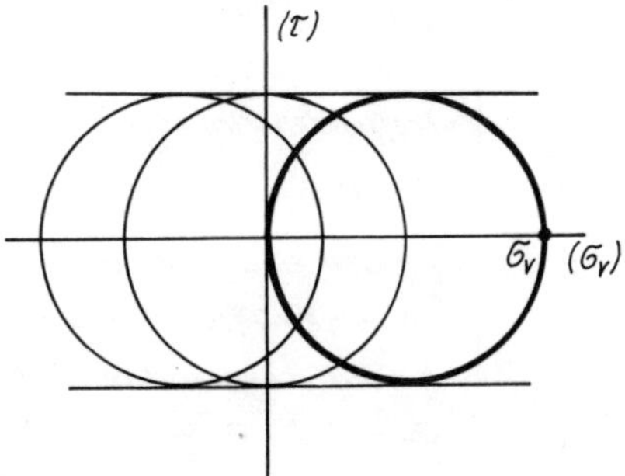

Für zähe Stoffe spezialisiert sich diese Hypothese also zu der einfacheren Hypothese unter (b).

Die Mohrsche Hypothese widerspricht nicht der Tatsache, daß Materialien ungeheuer große hydrostatische Beanspruchung (allseitig gleicher Druck) zerstörungsfrei überstehen: Bei hydrostatischer Beanspruchung ist der Mohrsche Kreis ein einziger Punkt auf dem negativen Teil der σ-Achse — fern also von jeglicher kritischen Grenze.

e) Die Hypothese der Formänderungsarbeit konnte sich nicht behaupten. Deutlich widerspricht ihr etwa der Fall der hydrostatischen Beanspruchung: Erfahrungsgemäß kann man gewaltige Kompressionsarbeit vollbringen ohne eine Zerstörung des Materials zu erreichen. Ein geringer Bruchteil dieser Arbeit hätte aber eine Zugprobe — mit der die Vergleichbarkeit erzielt werden soll — zerstört.

f) Hypothese der Gestaltänderungsarbeit hingegen bietet etwas sehr zwingendes: Als vergleichbar angenommen werden Grenzspannungen, bei denen plastisches Verhalten aufzutreten beginnt.

Plastisches Verhalten ist durch Änderung der Gestalt ohne Änderung des Volumens charakterisiert.

Wie im Anhang gezeigt, ist die hierzu aufgebrachte Arbeit pro Materialvolumeneinheit:

$$W_{spez.} = \frac{W}{V} = \frac{1}{12\,G}\left[(\sigma_I - \sigma_{II})^2 + (\sigma_I - \sigma_{III})^2 + (\sigma_{II} - \sigma_{III})^2\right],$$

wobei σ_I, σ_{II}, σ_{III} Hauptspannungen sind und G den Gleitmodul des betreffenden Materials bedeutet.

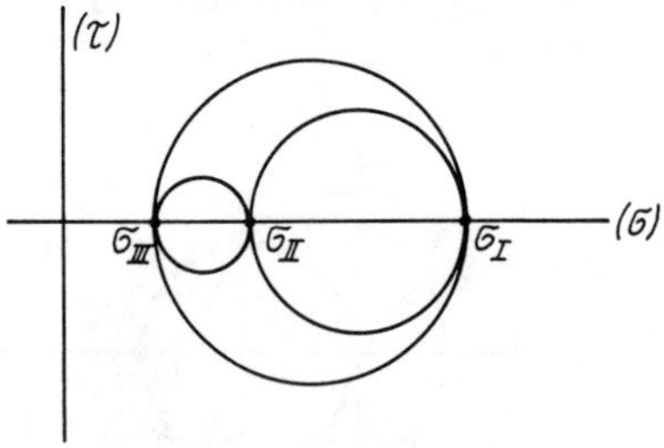

Für den einachsig beanspruchten Probestab wird hieraus insbesondere, mit $\sigma_I = \sigma_V$, $\sigma_{II} = \sigma_{III} = 0$

$$W_{spez.} = \frac{1}{6\,G}\cdot\sigma_V^{\,2}.$$

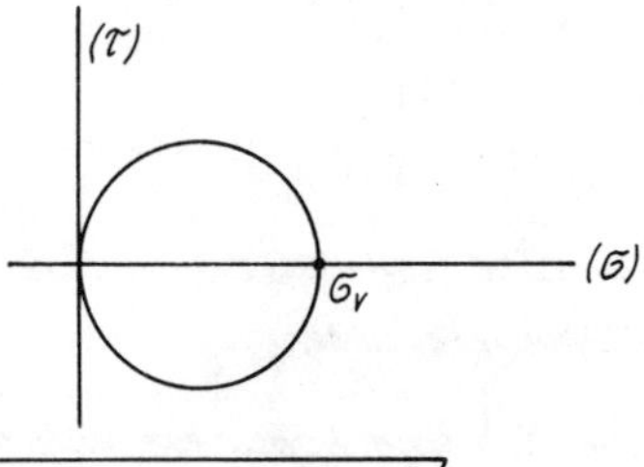

Gleichsetzung, die von dieser Hypothese gefordert wird, ergibt:

$$\sigma_V = \sqrt{\tfrac{1}{2}\left[(\sigma_I - \sigma_{II})^2 + (\sigma_I - \sigma_{III})^2 + (\sigma_{II} - \sigma_{III})^2\right]}\,.$$

Diese gut fundierte Hypothese hat sich sehr gut bewährt — verständlicherweise abgesehen von sehr spröden Materialien, bei denen Plastizität ohnehin nicht in Betracht stehen kann.

Bemerkenswerterweise ergibt sich hier für die hydrostatische Beanspruchung $\sigma_v = 0$, was praktisch Unzerstörbarkeit besagt — versuchsmäßig gut bestätigt

Beispiele für die Anwendung der Festigkeitshypothesen.

Jn den folgenden Beispielen sollen die Festigkeitshypothesen (a), (b), (f) verglichen werden.

1.) Beanspruchung der Wand eines kreiszylindrischen geschlossenen Kessels durch Jnnendruck (vgl. Seite 28).

$$\sigma_I = \sigma_t = \frac{p \cdot d}{2s} \; ; \qquad \sigma_{II} = \sigma_a = \frac{pd}{4s} = \frac{\sigma_I}{2} \; ; \qquad \sigma_{III} = \sigma_r \approx 0 \; .$$

d – mittlerer Durchmesser
s – Wandstärke
p – Jnnendruck

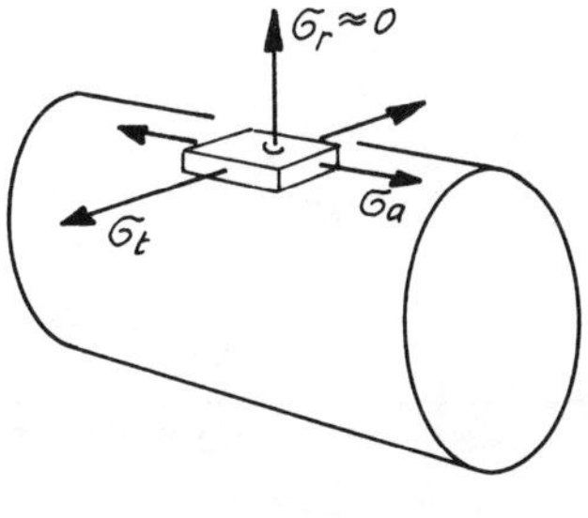

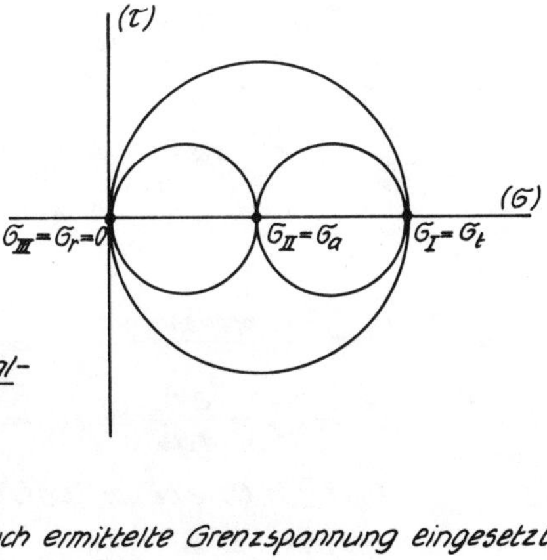

a) Hypothese der größten Normalspannung ergibt:

$$\sigma_v = \sigma_I = \sigma_t$$

Wird für σ_v eine im Zugversuch ermittelte Grenzspannung eingesetzt, so ist die entsprechende Grenzspannungsgröße hier $\underline{\sigma_t = 1 \cdot \sigma_v}$.

b) Schubspannungshypothese:

$$\sigma_v = \sigma_I - \sigma_{III} = \sigma_t - 0 = \sigma_t \qquad \underline{\sigma_t = 1 \cdot \sigma_v}\,.$$

f) Gestaltänderungshypothese:

$$\sigma_v = \sqrt{\frac{1}{2}\left[(\sigma_I-\sigma_{II})^2+(\sigma_I-\sigma_{III})^2+(\sigma_{II}-\sigma_{III})^2\right]}$$

$$\sigma_v = \sqrt{\frac{1}{2}\left[\left(\frac{1}{2}\sigma_t\right)^2+\sigma_t^{\,2}+\left(\frac{1}{2}\sigma_t\right)^2\right]} = \frac{\sqrt{3}}{2}\,\sigma_t$$

$$\underline{\sigma_t = 1{,}15 \cdot \sigma_v\,.}$$

2.) Reine Schubbeanspruchung : Torsionsbeanspruchung eines Hohlzylinders.

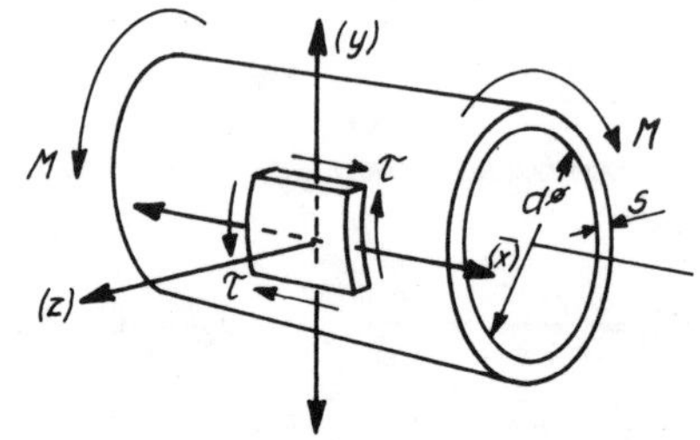

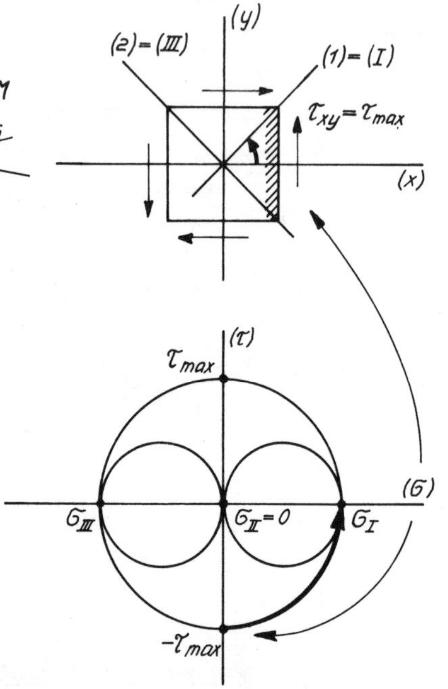

$$\tau_{max} = \tau_{xy} = \frac{M}{\frac{d}{2}} \cdot \frac{1}{\pi d s}$$

$$= \frac{2M}{\pi d^2 s}$$

a) σ_{max}-Hypothese :

$$\sigma_v = \sigma_I = \frac{2M}{\pi d^2 s} = \tau_{xy} = \tau_{max}$$

Wird für σ_v eine im Zugversuch ermittelte Grenzspannung eingesetzt, so ist :

$$\underline{\tau_{max} = 1 \cdot \sigma_v}$$

b) Schubspannungshypothese :

$$\sigma_v = \sigma_I - \sigma_{III} = 2\,\tau_{max}. \qquad \underline{\tau_{max} = \frac{1}{2} \cdot \sigma_v}$$

f) Gestaltänderungshypothese :

$$\sigma_v = \sqrt{\frac{1}{2}\left[(\sigma_I - \sigma_{II})^2 + (\sigma_I - \sigma_{III})^2 + (\sigma_{II} - \sigma_{III})^2\right]}$$

$$= \sqrt{\frac{1}{2}\left[\tau_{max} + 4\,\tau_{max}^2 + \tau_{max}^2\right]} = \sqrt{3}\cdot\tau_{max}$$

$$\tau_{max} = 0{,}577\cdot\sigma_v \;.$$

Hier läßt die τ_{max}-Hypothese (b) nur die Hälfte dessen zu, was die (jetzt kaum noch angewandte) σ_{max}-Hypothese zuläßt. Sie erweist sich in den meisten Fällen der Praxis als die vorsichtigste.

Zu dem oben geschilderten Falle reiner Torsion ein numerisches Beispiel :

Ein Hohlzylinder soll reiner Torsion ausgesetzt werden. Vorgesehen ist $d = 100$ mm$^{\varnothing}$, $M = 10$ Mp·m.
Der Zugversuch ergab für das vorliegende Material die Fließgrenze $\sigma_F = 30\,\frac{kp}{mm^2}$.

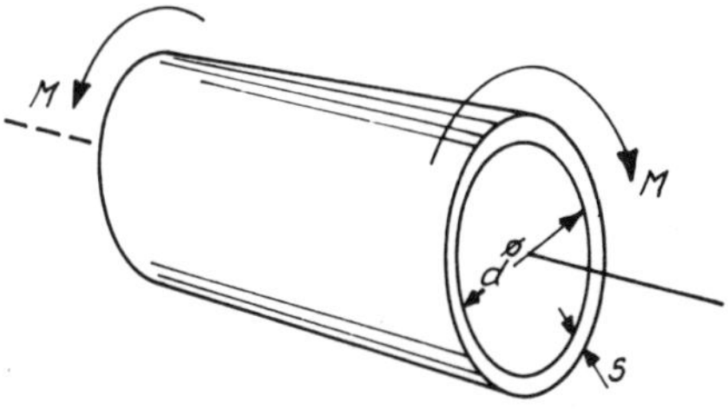

Es wird die dreifache Sicherheit gewünscht, also $\sigma_{zul.} = \frac{30}{3}\,\frac{kp}{mm^2} =$

Gesucht ist die Wandstärke s . $= 10\,\frac{kp}{mm^2}$.

Moment = Umfangskraft mal Radius (vgl. Seite 30 und 44) .

$$M = \tau_{zul.}\cdot\pi d s\cdot\frac{d}{2}\;, \qquad \text{also}$$

$$s = \frac{1}{\tau_{zul.}}\cdot\frac{2M}{\pi d^2} = \left(\frac{\sigma_{zul.}}{\tau_{zul.}}\right)\cdot\frac{2M}{\sigma_{zul.}\,\pi d^2}\;,$$

$$s = \left(\frac{\sigma_{zul.}}{\tau_{zul.}}\right)\cdot\frac{2\cdot 10^5\,kp\,cm}{10^3\cdot\frac{kp}{cm^2}\cdot\pi\cdot 10^2 cm^2} = \left(\frac{\sigma_{zul.}}{\tau_{zul.}}\right)\cdot 0{,}637\;cm\;.$$

Setzen wir für σ_v unser $\sigma_{zul.}$ und für $\tau_{zul.}$ das hier zutreffende τ_{max} (siehe obige Vorbereitung auf das Beispiel), so ist der Koeffizient $\frac{\sigma_{zul.}}{\tau_{zul.}}$ gerade der vorhin für die jeweilige Hypothese (siehe Seite 88) gefundene Quotient $\frac{\sigma_v}{\tau_{max}}$. Somit :

a) Nach der σ_{max}-Hypothese : $s = 1 \cdot 0{,}637\ cm = 6{,}4\ mm$.

b) Nach der τ_{max}-Hypothese : $s = 2 \cdot 0{,}637\ cm = 13\ mm$.

f) Nach der GE - Hypothese : $s = 1{,}73 \cdot 0{,}637\ cm = 11\ mm$.

Hier erkennt man sehr deutlich, daß die — ob ihrer Einfachheit noch heute zuweilen gebräuchliche — τ_{max}-Hypothese besonders vorsichtige Dimensionierung der Konstruktionsteile empfiehlt.

Kapitel IV.

Stabilität

Jn vielen Fällen ist die Belastbarkeit eines Konstruktionselementes keineswegs durch die Festigkeit seines Materials begrenzt. Vielmehr ist in vielen Fällen noch weit unterhalb der Versagensgrenze des Materials die <u>Stabilitätsgrenze</u> des Konstruktionselementes — oder der Konfiguration aus mehreren Elementen — erreicht.

Das Grundproblem der Stabilität sei zunächst an einem einfachen Modell mit einem Freiheitsgrad gezeigt. Die Gelenkglieder seien starr.

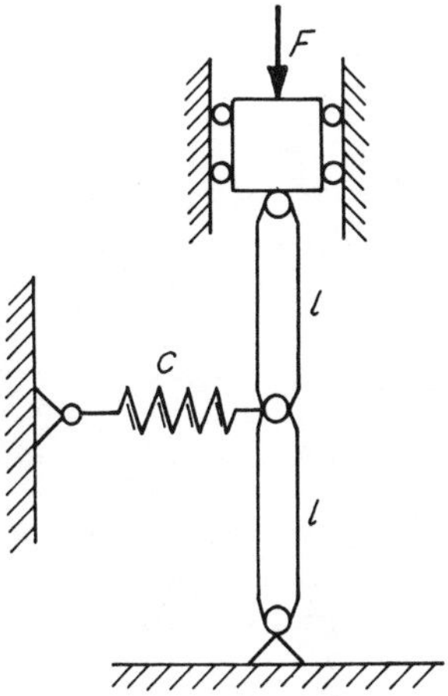

c – Federkonstante 1)

Solange die Gelenke exakt axial belastet sind, ist die Grenze der Belastbarkeit sicherlich durch die Druckfestigkeit des Materials gegeben. Jndessen wird es hier u.U. nicht bis zu solcher Beanspruchung kommen. Es kommt hier vielmehr zuerst auf die Frage an, wie sich das System bei einer beliebig geringen Auslenkung der Gelenke („virtuelle Verschiebung") verhalten wird.

Die Momentgleichung für das untere

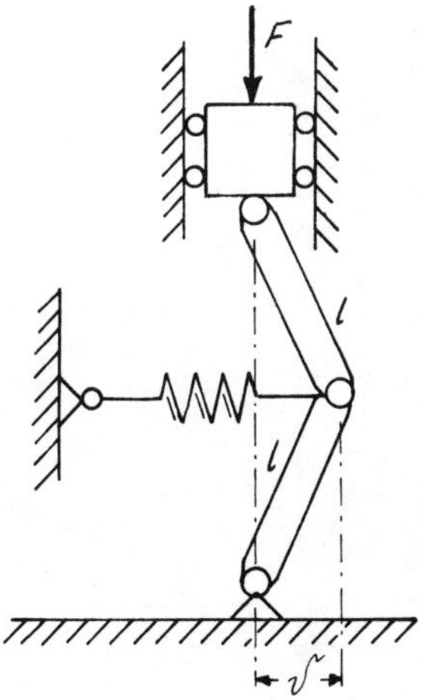

Die Federkraft ist $c \cdot \delta$.

1) Zur Definition der Federkonstanten : Kraft = $c \cdot$ Federlängenänderung

Glied zeigt, bei gegebenen c, l, je nach der Größe F :

$$F \cdot \vartheta \lesseqgtr c \cdot \vartheta \cdot l \qquad \text{d.h.}$$

$$F \lesseqgtr c\,l \quad .$$

Steigern wir die Last F von hinreichend kleinen Beträgen an :

1) $F < cl$: Das System ist bei dieser Belastung stabil. Das durch die Last F am Gelenkglied erzeugte Moment vermag das Rückstellmoment der Feder nicht zu übertreffen. Die Gelenke behalten die gestreckte Lage.

2) $F = cl$: Die Stabilitätsgrenze ist erreicht. Unter dieser Last verhält sich das System indifferent, es wird durch die Feder nicht mehr rückgestellt.

3) $F > cl$: Das System ist jetzt instabil, die Gelenke weichen aus bei beliebig kleiner Auslenkung.

Nun war das ein System mit einem Freiheitsgrad. Bei kontinuierlich deformierbaren Elementen (unendlich vielen Freiheitsgraden) zeigt es sich, daß die Stabilität ein Eigenwertproblem ist :

Wir wollen jetzt einen elastischen Balken axial belasten.

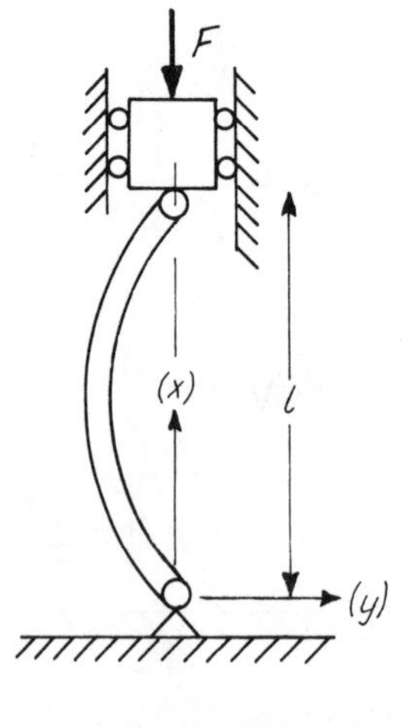

Die elementare Balkenbiegelehre (vgl. S. 57) liefert

$$M(x) = -F \cdot y \quad , \quad \text{somit}$$

$$y'' = \frac{M}{EJ} = -\frac{F}{EJ} \cdot y \quad ,$$

$$y'' + \frac{F}{EJ}\, y = 0 \quad ,$$

$$y'' + \omega^2 y = 0 \quad ,$$

$$\text{wobei} \quad \omega = \sqrt{\frac{F}{EJ}}$$

Wie die elementare Theorie der Differentialgleichungen lehrt [1], lautet hier die allgemeine Lösung

$$y = A \cdot \sin \omega x + B \cos \omega x$$

1) vgl. Demmig : „Differentialgleichungen", Seite 100 .

Es sind hier folgende Randbedingungen zu erfüllen :

$$y(0) = 0\,, \quad \text{ergibt} \quad B = 0\;;$$
$$y(l) = 0\,, \quad \text{ergibt} \quad A \cdot \sin\omega l = 0$$
$$\sin\omega l = 0\,, \quad \text{d.h.}$$
$$\omega l = \pi \cdot k\;; \quad k = 1,2,\ldots$$

Der niedrigste Wert, $k=1$, liefert aus der obigen Abkürzung ω,

mit $\omega_1 = \frac{\pi}{l}$

$$\underline{F_{krit.}} = EJ\,\omega_1^2 = \underline{\frac{\pi^2 EJ}{l^2}}$$

Bei dieser Last ist also die Stabilitätsgrenze erreicht.

Für andere Randbedingungen ermittelt man ebenso die entsprechenden kritischen Lasten. Sie können auch sofort den Nachschlagewerken entnommen werden („Eulersche Lastfälle").

Das Problemgebiet der Stabilität in der Mechanik ist außerordentlich anspruchsvoll, vor allem auch mathematisch sehr diffizil. Es muß hier daher allein schon aus Umfangsgründen auf spezielle Fachliteratur und Nachschlagwerke verwiesen werden.

Mit allem Nachdruck sei erinnert, daß der Stabilitätsgrenze der Vorzug zu geben ist, falls sie unterhalb der aus der Druckfestigkeit des Materials folgenden Beanspruchungsgrenze liegt (vgl. S. 76).

Anhang

A. Verteilung der Schubspannung im Querschnitt eines querkraftbelasteten Balkens.

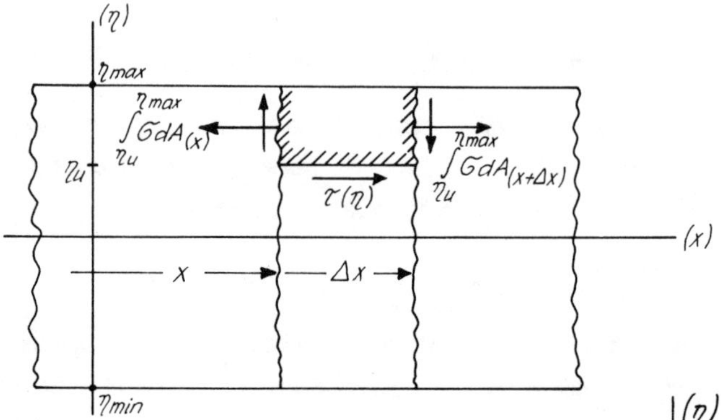

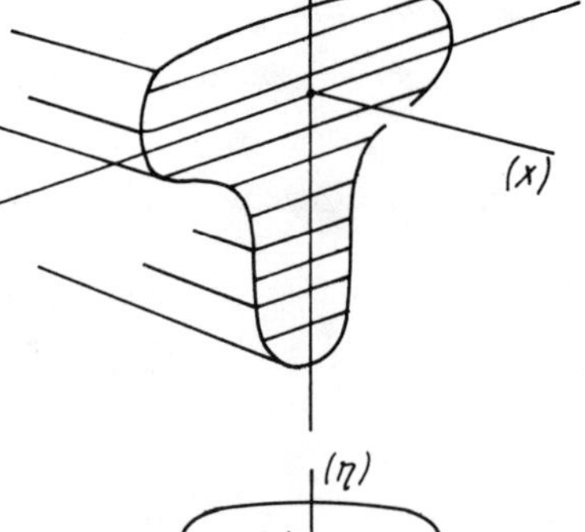

Wir setzen hier zur Lastebene (obige Zeichenebene) symmetrische Querschnitte voraus. Hier wird die Annahme gleichmäßiger τ-Verteilung über die Faserbreite $b(\eta)$ besonders naheliegend.

Gleichgewicht obigen Balkenelementes in Balkenlängsrichtung:

$$\tau(\eta_u)\cdot b(\eta)\cdot \Delta x+\left[\int_{\eta_u}^{\eta_{max}} \sigma\, dA\right]_{x+\Delta x}-\left[\int_{\eta_u}^{\eta_{max}} \sigma\, dA\right]_{x}=0\ ;$$

$$\sigma(\eta)=-\frac{M\cdot\eta}{J}\ .$$

$$\tau(\eta_u)\cdot b(\eta)\cdot \Delta x-\frac{M(x+\Delta x)}{J}\int_{\eta_u}^{\eta_{max}} \eta\, dA+\frac{M(x)}{J}\int_{\eta_u}^{\eta_{max}} \eta\, dA=0\ .$$

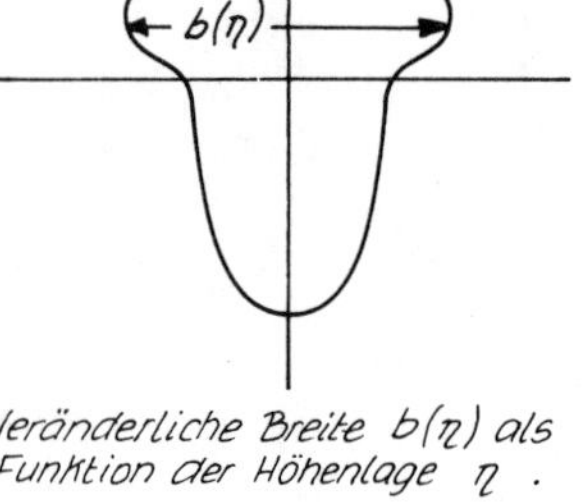

Veränderliche Breite $b(\eta)$ als Funktion der Höhenlage η.

Der Ansatz gilt vorbehaltlich des Grenzübergangs :

$$\tau(\eta_u) = \lim_{\Delta x \to 0} \left[\frac{M(x+\Delta x) - M(x)}{\Delta x} \; \frac{1}{b(\eta) J} \int_{\eta_u}^{\eta_{max}} \eta \, dA \right] ; \qquad \frac{dM}{dx} = Q(x)$$

$$\boxed{\tau(\eta_u) = \frac{Q(x)}{b(\eta_u) J} \int_{\eta_u}^{\eta_{max}} \eta \, dA}$$

Das ist zugleich τ als Funktion der Faserschichthöhe η_u im Balkenquerschnitt, wegen der Gleichheit $\perp$ zugeordneter Schubspangen.

Als Beispiel einer Schubspannungsverteilung im Querschnitt eines querkraftbelasteten Balkens sei die Verteilung in einem rechteckigen Balkenquerschnitt betrachtet :

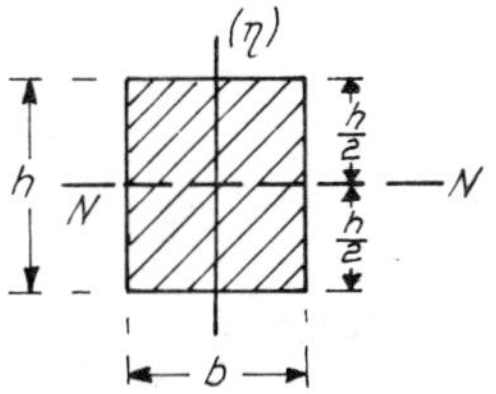

$$b(\eta) = b = const. \; ; \qquad J = \frac{bh^3}{12} \; ;$$

$$dA = b \cdot d\eta \; .$$

$$\int_{\eta_u}^{\eta_{max}} \eta \, dA = b \int_{\eta_u}^{\frac{h}{2}} \eta \, d\eta = b \left[\frac{\eta^2}{2} \right]_{\eta_u}^{\frac{h}{2}} = \frac{b}{2} \left[\frac{h^2}{4} - \eta_u^2 \right] .$$

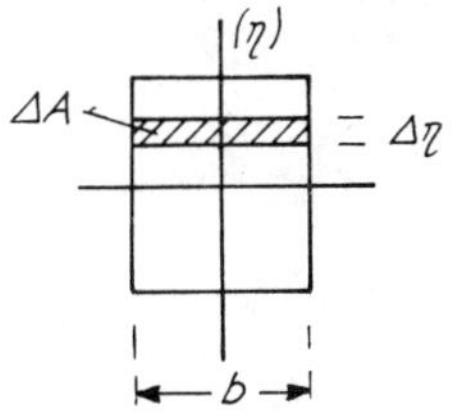

Damit wird der oben hergeleitete Ausdruck

$$\tau(\eta_u) = \frac{6 \cdot Q(x)}{bh^3} \left[\frac{h^2}{4} - \eta_u^2 \right]$$

mit dem Maximum auf halber Querschnittshöhe, wo auch die neutrale Faser liegt :

$$\tau_{max} = \frac{3}{2} \cdot \frac{Q(x)}{b \cdot h} = \frac{3}{2} \cdot \tau_m .$$

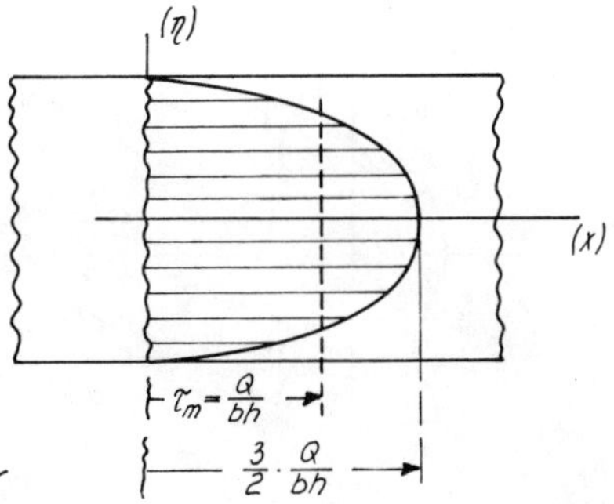

NB. Die Ordinatenrichtung dieser Kurve ist natürlich nur diagrammatisch gemeint. Die diskutierte Schubspannung wirkt parallel zum Balkenquerschnitt.

B. Trägheits- und Deviationsmomente

1. Planare und polare Flächenträgheitsmomente

Eine Summe aus Gliedern, die jeweils Produkte eines Abstandsquadrates mit einem Anteil einer räumlich verteilten Größe sind, nennt man allgemein ein Trägheitsmoment. Diese Bezeichnung kommt aus der Dynamik und ist im Themengebiet dieses Bandes nichtssagend. Jst die betrachtete räumlich verteilte Größe kontinuierlich verteilt, so wird aus der Summe ein Jntegral. Hier wird uns die Fläche eines Materialquerschnitts als jene räumlich erstreckte Größe zu beschäftigen haben.

Polares Flächenträgheitsmoment.

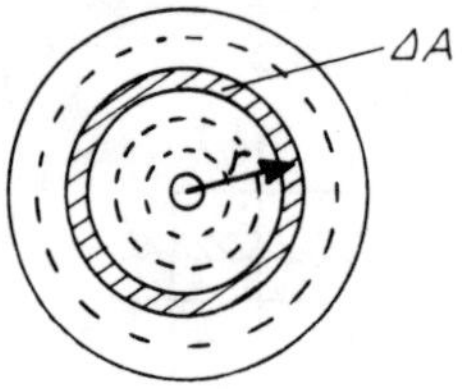

$$J_{pol.} = \lim_{\Delta A \to 0} \sum^{A} r^2 \Delta A = \int^{A} r^2 dA \, .$$

Das Flächendifferential ist jeweils entlang $r = const.$ zu denken, das Jntegral über die ganze Fläche zu erstrecken.

Planares Flächenträgheitsmoment.

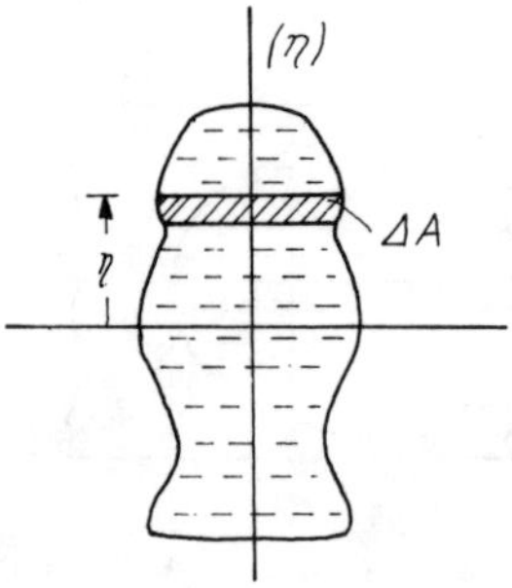

$$J = \lim_{\Delta A \to 0} \sum^{A} \eta^2 \Delta A = \int^{A} \eta^2 dA$$

Das Flächendifferential ist jeweils entlang $\eta = const.$ zu denken, das Jntegral ist über die ganze Fläche zu erstrecken

Handelt es sich um Quadrate der Abstände von einem Punkt, so nennt man obigen Ausdruck ein polares Flächenträgheitsmoment (J_{pol}),
handelt es sich aber um Abstände von einer in der Zeichenebene liegenden

Achse, so ist es ein planares Flächenträgheitsmoment (J).

Polares Flächenträgheitsmoment einer Kreisringfläche :

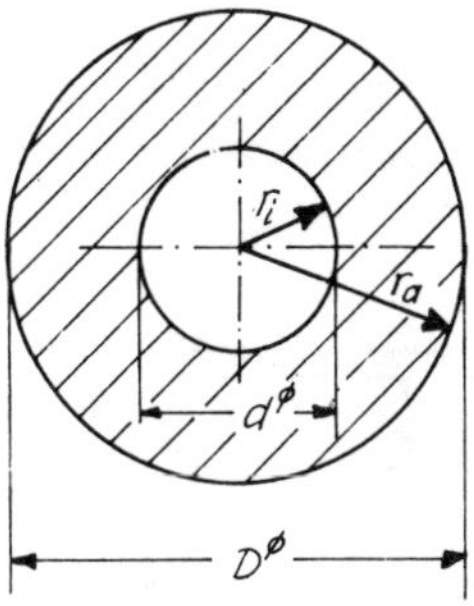

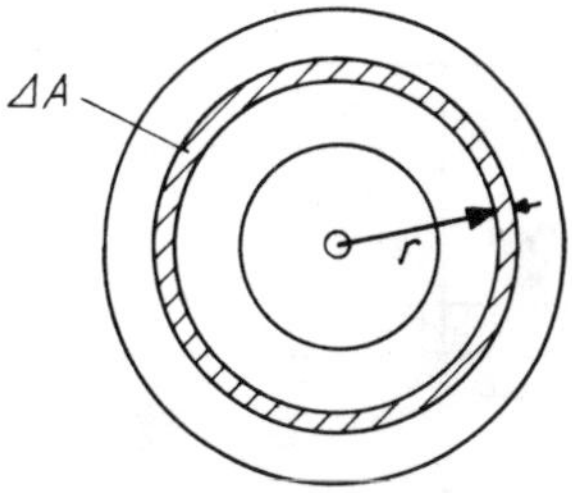

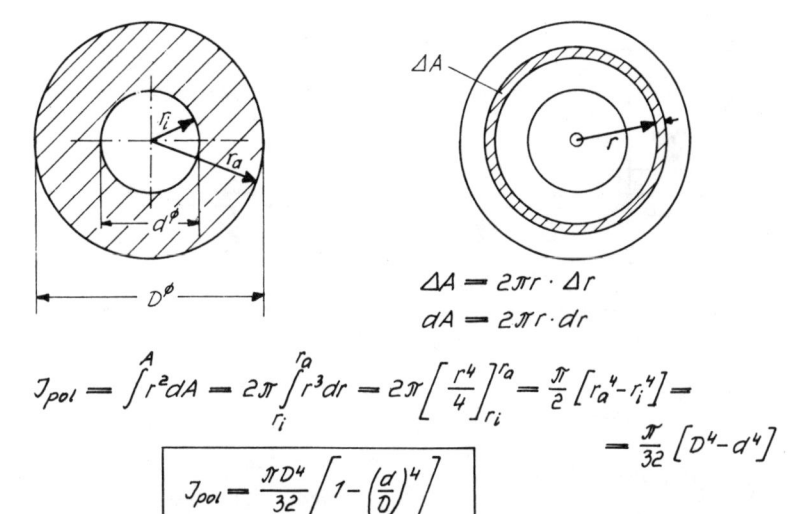

$$\Delta A = 2\pi r \cdot \Delta r$$

$$dA = 2\pi r \cdot dr$$

$$J_{pol} = \int^{A} r^2 dA = 2\pi \int_{r_i}^{r_a} r^3 dr = 2\pi \left[\frac{r^4}{4} \right]_{r_i}^{r_a} = \frac{\pi}{2} \left[r_a^4 - r_i^4 \right] = \frac{\pi}{32} \left[D^4 - d^4 \right]$$

$$\boxed{J_{pol} = \frac{\pi D^4}{32} \left[1 - \left(\frac{d}{D} \right)^4 \right]}$$

Es sei hierzu noch bei dieser Gelegenheit das polare Widerstandsmoment (vgl. Seite 49) $W_{pol.}$ errechnet :

$$W_{pol} = \frac{J_{pol.}}{r_a} = \frac{J_{pol.}}{\frac{D}{2}}$$

$$\boxed{W_{pol} = \frac{\pi D^3}{16} \left[1 - \left(\frac{d}{D} \right)^4 \right]}$$

Planares Flächenträgheitsmoment einer Rechteckfläche in Bezug auf eine Achse in halber Rechteckhöhe :

$$J = \int^{A} \eta^2 dA = b \int_{-\frac{h}{2}}^{+\frac{h}{2}} \eta^2 d\eta = b \left[\frac{\eta^3}{3} \right]_{-\frac{h}{2}}^{+\frac{h}{2}} = \frac{b}{3} \left[\frac{h^3}{24} - \left(- \frac{h^3}{24} \right) \right] = \frac{bh^3}{12}$$

$$\boxed{J = \frac{bh^3}{12}}$$

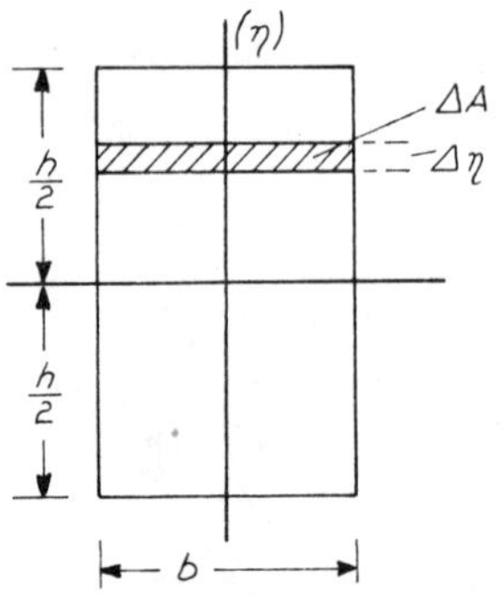

$$\Delta A = b\,\Delta\eta \;, \qquad dA = b \cdot d\eta \;.$$

Hierzu planares Wiederstandsmoment W (vgl. Seite 53):

$$\boxed{W = \frac{J}{\frac{h}{2}} = \frac{b h^2}{6}}$$

<u>Planares</u> Flächenträgheitsmoment einer Kreisringfläche bezüglich eines Durchmessers :

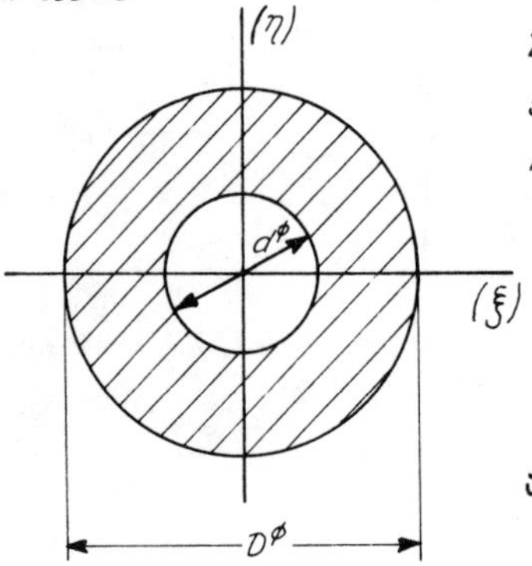

Die direkte Errechnung ist hier sehr umständlich. Deshalb wollen wir uns eines Kunstgriffs bedienen :

Gehen wir aus von dem uns schon bekannten (vgl. oben Seite 97) polaren Trägheitsmoment.

$$\underbrace{\int^{A} r^2 dA}_{J_{pol}} = \int^{A} (\xi^2 + \eta^2) dA = \underbrace{\int^{A} \xi^2 dA}_{J_\eta} + \underbrace{\int^{A} \eta^2 dA}_{J_\xi}$$

Das polare Trägheitsmoment ist die Summe aus zwei rechtwinklig zueinander bezogenen planaren Trägheitsmomenten .

Wegen der Kreissymmetrie ist hier

$$J_\eta = J_\xi \,, \quad \text{also}$$

$$J_{pol.} = 2 \cdot J_\xi = 2 \cdot J$$

$$\boxed{J = \frac{1}{2} \cdot J_{pol} = \frac{\pi D^4}{64} \left[1 + \left(\frac{d}{D} \right)^4 \right]}$$

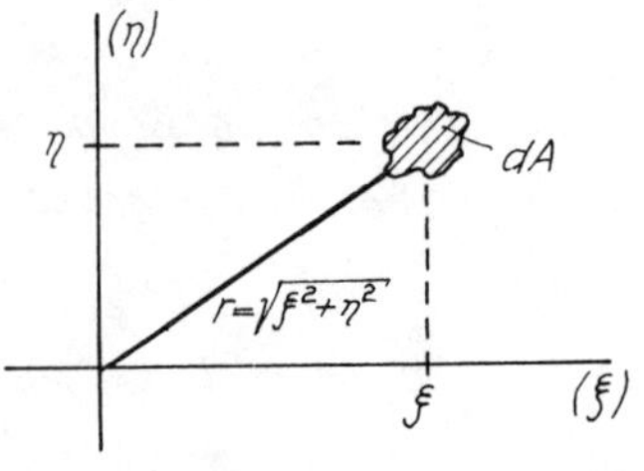

Es sei bei dieser Gelegenheit auch das planare Widerstandsmoment gebildet (vgl. Seite 53):

$$\boxed{W = \frac{J}{r_{max}} = \frac{J}{\frac{D}{2}} = \frac{\pi D^3}{32} \left[1 + \left(\frac{d}{D} \right)^4 \right]}$$

2. Der Steinersche Satz

Oft ist es bequem oder gar notwendig, das Flächenträgheitsmoment eines Querschnitts mit Hilfe des folgenden Satzes zu formulieren:

> Das Flächenträgheitsmoment einer Fläche A bezüglich einer Achse, welche vom Flächenschwerpunkt um a entfernt ist, setzt sich zusammen aus dem Trägheitsmoment bzgl. der in den Schwerpunkt parallel versetzten Bezugsachse, zuzüglich $a^2 \cdot A$.

Denn:

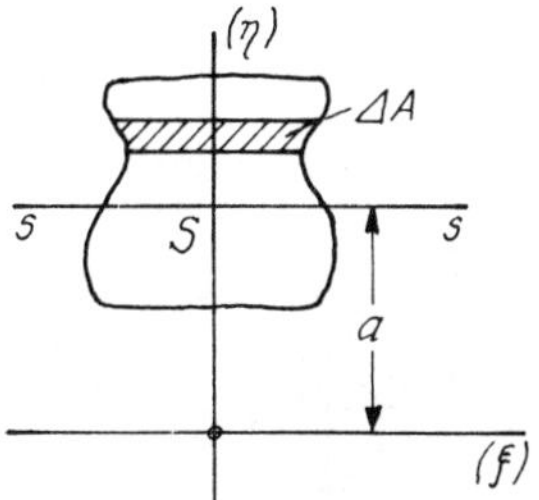

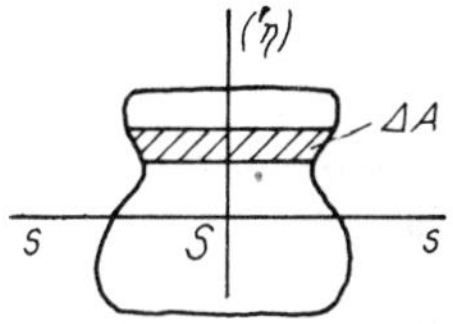

$$\eta = {}'\eta + a$$

S – Schwerpunkt der Fläche A

$$J_\xi = \int^A \eta^2 dA = \int^A ({}'\eta + a)^2 dA = \underbrace{\int^A {}'\eta^2 dA}_{J_S} + \underbrace{2a\int^A {}'\eta\, dA}_{0} + \underbrace{a^2 \int^A dA}_{a^2 A}$$

Der mittlere Term verschwindet, denn $\int^A {}'\eta\, dA$ ist das statische Moment der Fläche um eine Achse durch ihren Schwerpunkt. Somit

$$\underline{J_\xi = J_S + a^2 A \ .}$$

Zunächst ein triviales Beispiel:

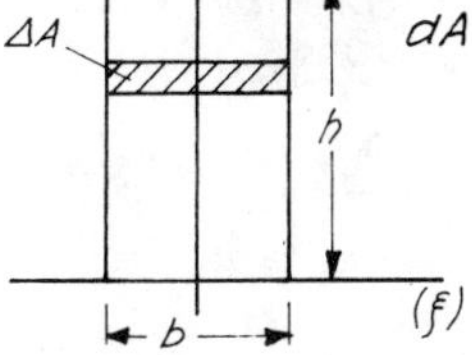

$\Delta a = b \cdot \Delta\eta$

$dA = b \cdot d\eta$

Hier ist

$$J_\xi = \int_0^h \eta^2 dA = b \int_0^h \eta^2 d\eta$$

$$\underline{J_\xi = b \left[\frac{\eta^3}{3} \right]_0^h = \frac{bh^3}{3}}$$

Das gleiche Ergebnis erhalten wir aber, wenn wir den Steinerschen

Satz anwenden :

Bezüglich der durch den Flächenschwerpunkt hindurchgehenden Achse ist hier nach Seite 97 :

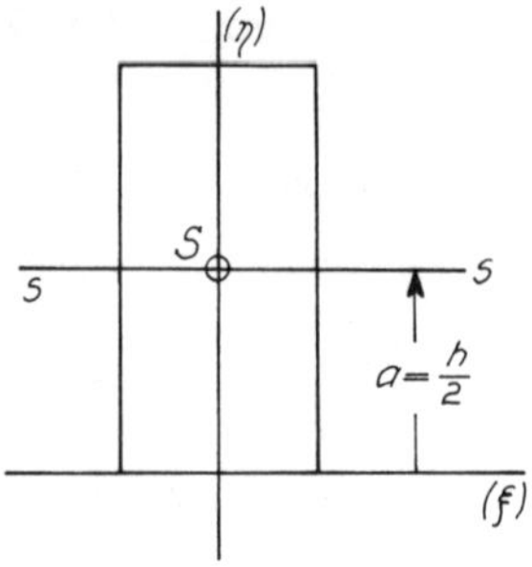

$$J_s = \frac{b\,h^3}{12} \quad .$$

Bezüglich der um $a = \frac{h}{2}$ hierzu parallel versetzten Achse :

$$J_\xi = J_s + a^2 A = \frac{b h^3}{12} + \frac{h^2}{4} \cdot b \cdot h = \frac{1}{3}\, b h^3 \quad , \text{ wie vorhin .}$$

<u>Beispiel</u> :

Gesucht wird das planare Flächenträgheitsmoment um die horizontale Achse durch den Schwerpunkt des Gesamtquerschnitts (Höhe der neutralen Faser im Balkenquerschnitt).

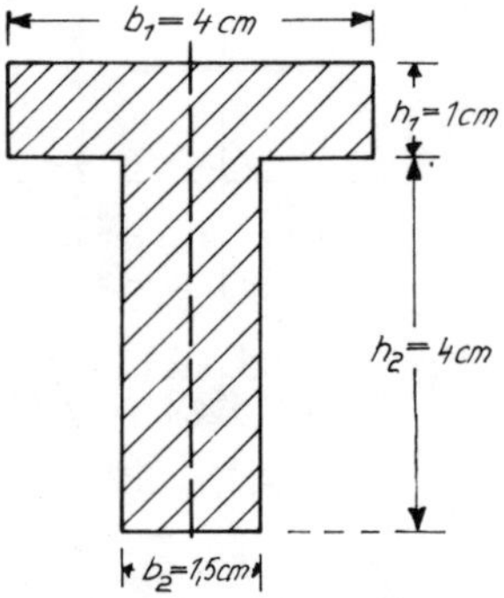

1) Zuerst ist der Schwerpunkt der Gesamtfläche zu suchen (vgl. ,Statik', Seite 114) :

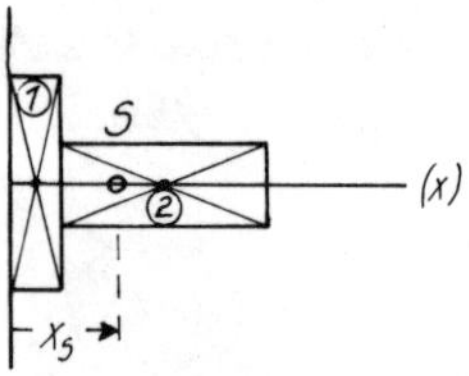

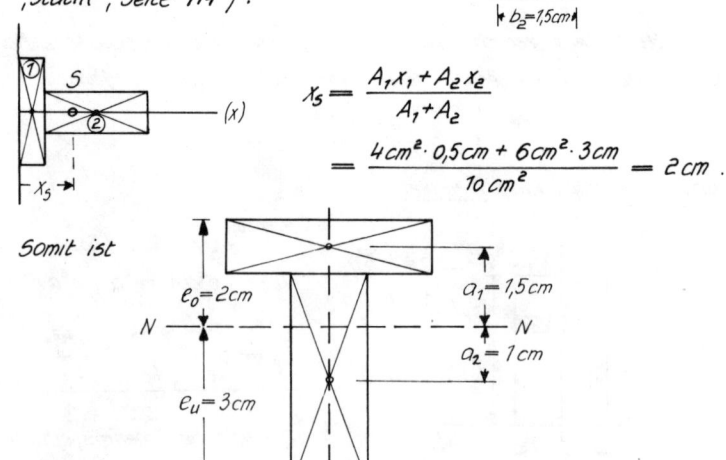

$$x_S = \frac{A_1 x_1 + A_2 x_2}{A_1 + A_2}$$

$$= \frac{4\,cm^2 \cdot 0{,}5\,cm + 6\,cm^2 \cdot 3\,cm}{10\,cm^2} = 2\,cm \;.$$

Somit ist

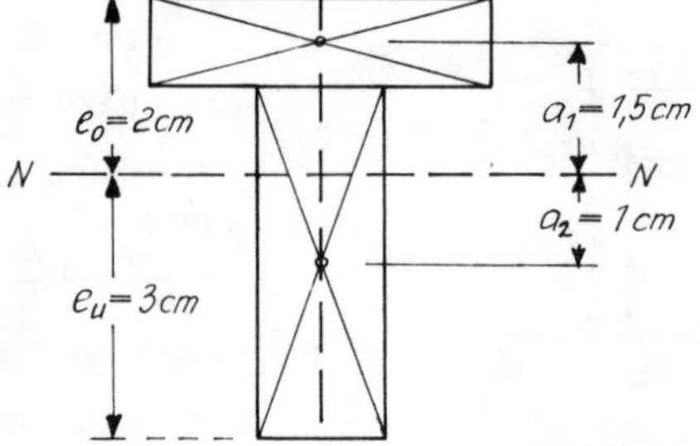

2) Jetzt wird nach dem Steinerschen Satz:

$$J_N = \frac{b_1 h_1^3}{12} + a_1^2 \cdot b_1 h_1 + \frac{b_2 h_2^3}{12} + a_2^2 \cdot b_2 h_2$$

$$= \frac{b_1 h_1^3 + b_2 h_2^3}{12} + a_1^2 b_1 h_1 + a_2^2 b_2 h_2$$

$$= \left[\frac{4 \cdot 1 + 1{,}5 \cdot 64}{12} + 2{,}25 \cdot 4 \cdot 1 + 1 \cdot 1{,}5 \cdot 4 \right] cm^4$$

$$\underline{J_N} = [8{,}33 + 9{,}00 + 6{,}00]\, cm^4 = \underline{23{,}3\ cm^4}\ .$$

Bei dieser Gelegenheit seien hier auch die beiden — hier voneinander verschiedenen — Widerstandsmomente errechnet:

Bezüglich der obersten Balkenfaser:

$$W_o = \frac{J}{e_o} = \frac{23{,}3\, cm^4}{2 cm} = 11{,}7\ cm^3\ .$$

Bezüglich der untersten Balkenfaser:

$$W_u = \frac{J}{e_u} = \frac{23{,}3\, cm^4}{3\, cm} = 7{,}77\ cm^3$$

3. Flächenträgheitsmomente und Zentrifugalmomente (Deviationsmomente) bezüglich drehtransformierter Achsen.

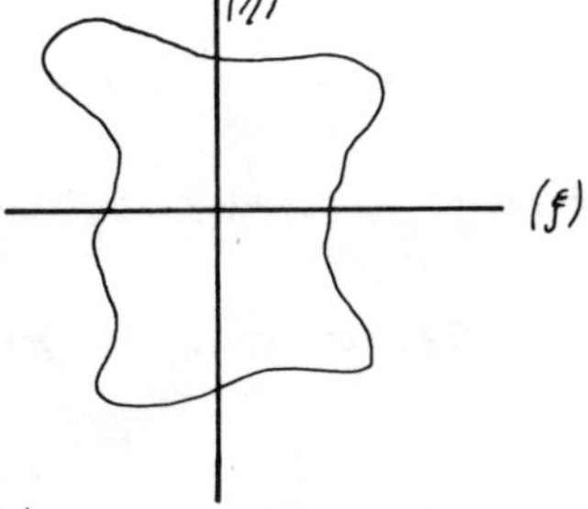

Auf Seite 64 haben wir festgestellt, daß das Verschwinden des Zentrifugalmomentes

$$C_{\xi\eta} = \int^A \xi \eta \, dA$$

notwendig und hinreichend für den Verbleib der Deformationsrichtung des Balkens in seiner Lastenebene ist, wenn diese durch die η-Achse (bzw. ξ-Achse) hindurch geht. Hier soll das Auftreten bzw. Verschwinden dieser Größe im Zusammenhang mit der Drehung der Bezugsachsen und mit der Abhängigkeit der Trägheitsmomente von dieser Drehung untersucht werden.

Wir denken uns ein Achsensystem (u,v) im gegebenen Querschnitt befestigt. Dann ein ihm gegenüber verdrehtes, ebenfalls orthogonales Achsensystem (ξ,η). Es ist:

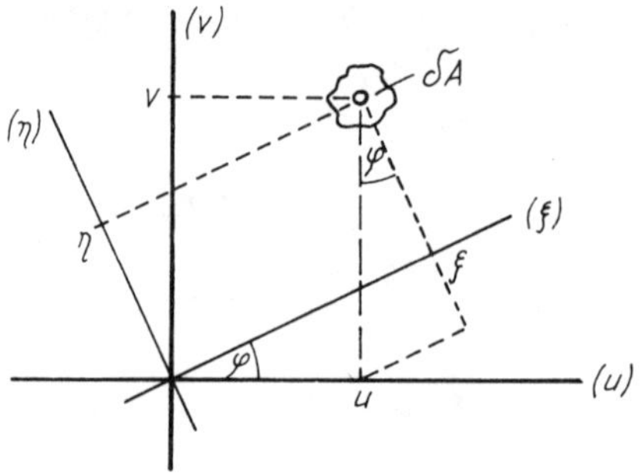

$$J_\xi = \int^A \eta^2 dA \;;\quad C_{\xi\eta} = \int^A \xi\eta\, dA$$

Wie die geometrischen Beziehungen zeigen, ist hier:

$$\xi = u\cos\varphi + v\sin\varphi \;;\qquad \eta = -u\sin\varphi + v\cos\varphi \,.$$

Somit sind obige Größen bezüglich u, v:

$$J_\xi = \int^A \eta^2 dA = \sin^2\varphi \cdot \int^A u^2 dA - 2\sin\varphi\cos\varphi \int^A uv\,dA + \cos^2\varphi \int^A v^2 dA$$

$$J_\xi = \sin^2\varphi\, J_v - 2\sin\varphi\cos\varphi\, C_{uv} + \cos^2\varphi\, J_u$$

Entsprechend:

$$C_{\xi\eta} = \sin\varphi\cos\varphi\,(J_u - J_v) - (\sin^2\varphi - \cos^2\varphi)\, C_{uv} \,.$$

Mit den Identitäten

$$\frac{1+\cos 2\varphi}{2} = \cos^2\varphi \;;\qquad \frac{1-\cos 2\varphi}{2} = \sin^2\varphi \;;\quad \sin\varphi\cos\varphi = \frac{\sin 2\varphi}{2}$$

erhält man

(I) $$J_\xi = \frac{J_u + J_v}{2} - \frac{J_u - J_v}{2}\cos 2\varphi - C_{uv}\sin 2\varphi \,,$$

(II) $$C_{\xi\eta} = \frac{J_u - J_v}{2}\sin 2\varphi + C_{uv}\cos 2\varphi \,.$$

Für welche Winkellagen der Achsen $(\xi;\eta)$ verschwindet $C_{\xi\eta}$ bei dem gegebenen Querschnitt?

Letzte Gleichung gleich Null gesetzt, ergibt:

$$\frac{\sin 2\varphi}{\cos 2\varphi} = \tan 2\varphi = \frac{2C_{uv}}{J_v - J_u} \,.$$

Da die Werte $\tan 2\varphi$ zu $-\frac{\pi}{4} < \varphi < +\frac{\pi}{4}$ eindeutig $-\infty < \tan 2\varphi < +\infty$ durchlaufen und mit der Periode $\frac{\pi}{2}$ periodisch sind, gibt es immer zu jeder Art Querschnitt zwei — und nur zwei — zueinander senkrechte Achsen, bezüglich derer $C_{\xi\eta}$ verschwindet. Diese Achsen wollen wir Trägheitshauptachsen nennen und sie, statt allgemein $\xi\eta$, speziell $(1;2)$ bezeichnen. Beziehen wir obige Ausdrücke statt auf irgendwelche Achsen (u,v) gerade auf die Hauptachsen, so wird wegen $C_{1,2} = 0$:

(Ia) $$J_\xi = \frac{J_1 + J_2}{2} + \frac{J_1 - J_2}{2} \cos 2\varphi$$

(IIa) $$C_{\xi\eta} = \frac{J_1 - J_2}{2} \sin 2\varphi$$

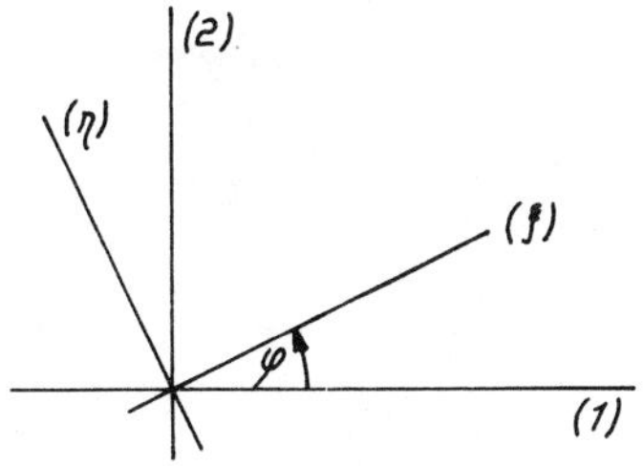

Die geometrische Deutung dieser Ausdrücke ist im Mohrschen Trägheitskreis unmittelbar verwirklicht (vgl. Mohrscher Spannungskreis, Seite 41 ff):

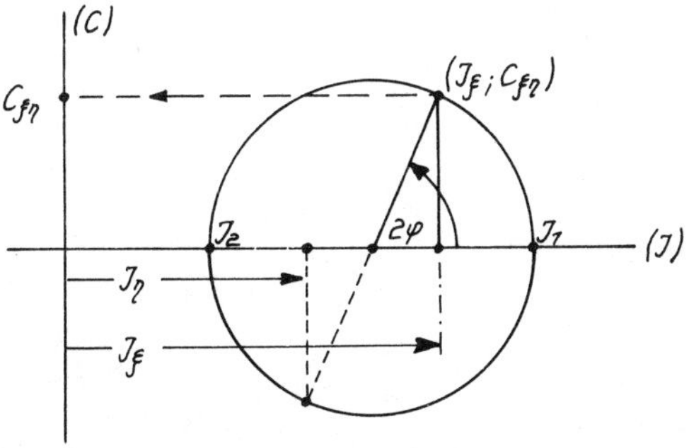

<u>Ein sehr durchsichtiges Beispiel</u> :

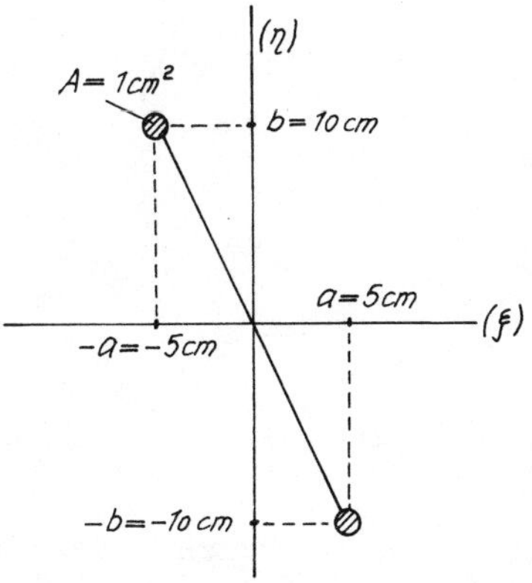

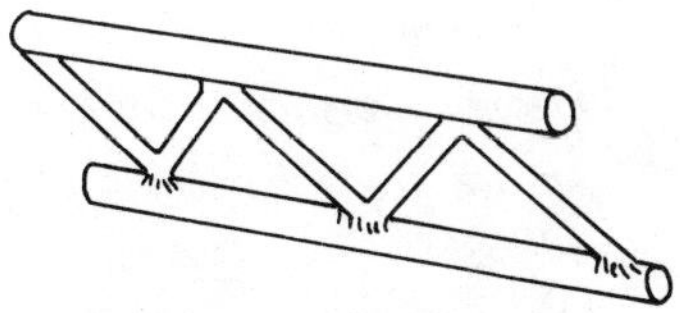

$J_\xi = 2b^2A = 200\ cm^4$;
$J_\eta = 2a^2A = 50\ cm^4$;
$C_{\xi\eta} = -2abA = -100\ cm^4$.

Man finde zu den Hauptachsen dieses Querschnittssystems.

Graphisch :

Das Diagramm ergibt, daß man die positiv gerichtete Hauptachse (1) finden wird, wenn man aus der positiven (ξ)-Richtung um $\varphi \approx 27°$ im Gegenuhrzeigersinn herausdreht :

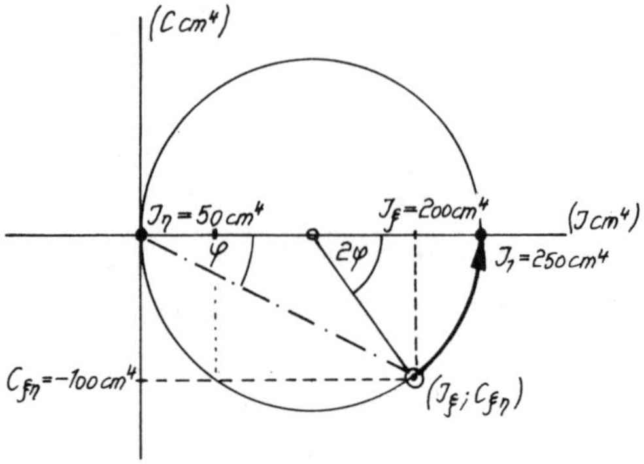

Wir haben in diesem durchsichtigen Beispiel das selbstverständliche Ergebnis :

$J_1 = 2(a^2+b^2)\cdot A = 250\ cm^4$,

$J_2 = 0$,

da wir die Eigenträgheitsmomente der relativ sehr kleinen Kreisflächen schon im Ansatz vernachlässigen durften .

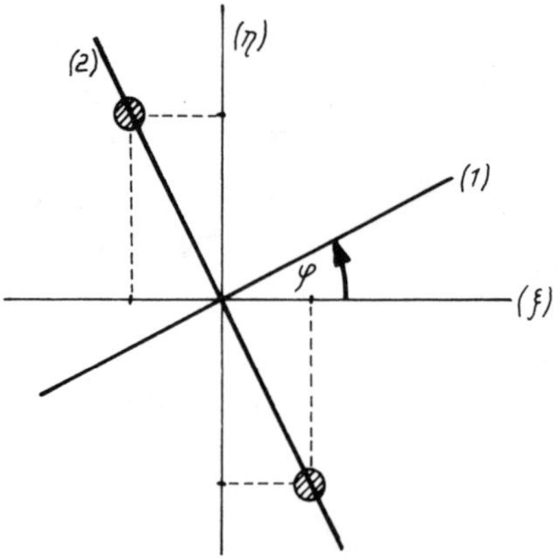

Die Gleichungen (Ia) und (IIa) , Seite 103 , lassen sich noch anders geometrisch deuten („Mohr-Land") .
Man beachte , daß die Achsen hier keine Koordinatenachsen sind :

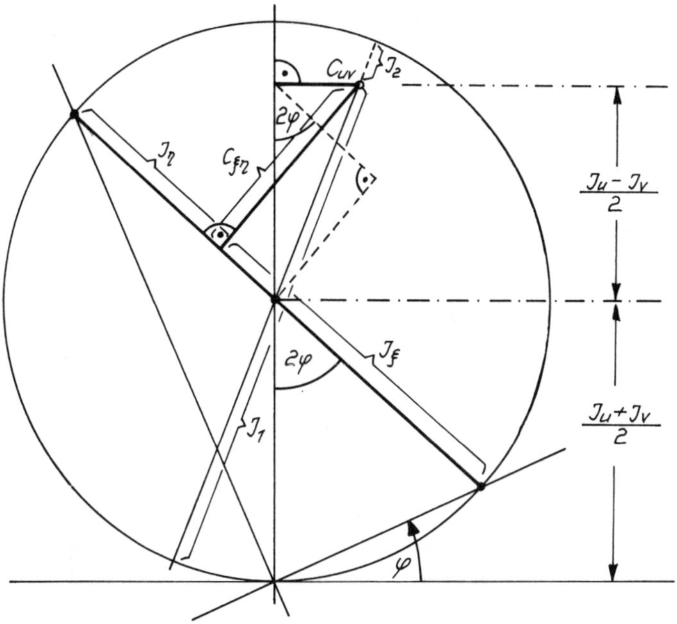

Sind aber die Bezugsachsen (u,v) insbesondere die Hauptachsen $(1;2)$, so wird gemäß den Gleichungen (Ia), (IIa) bezüglich der Achsen $(\xi;\eta)$, die um φ aus den Hauptachsen herausgedreht sind:

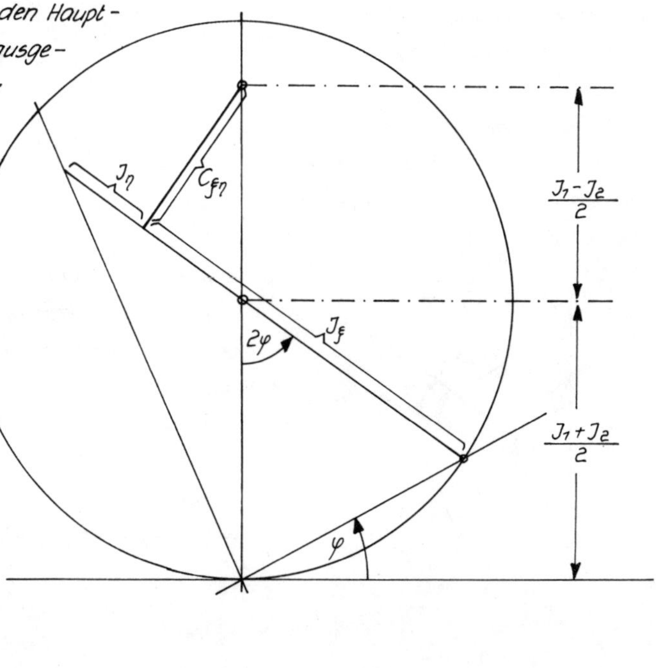

C. Spannungen im dreidimensional beanspruchten Körper.

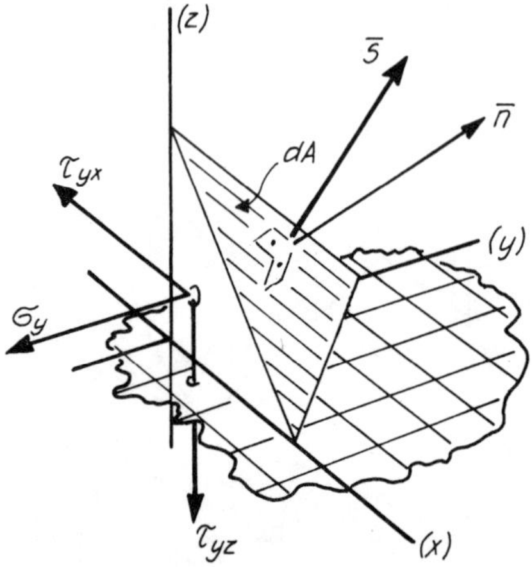

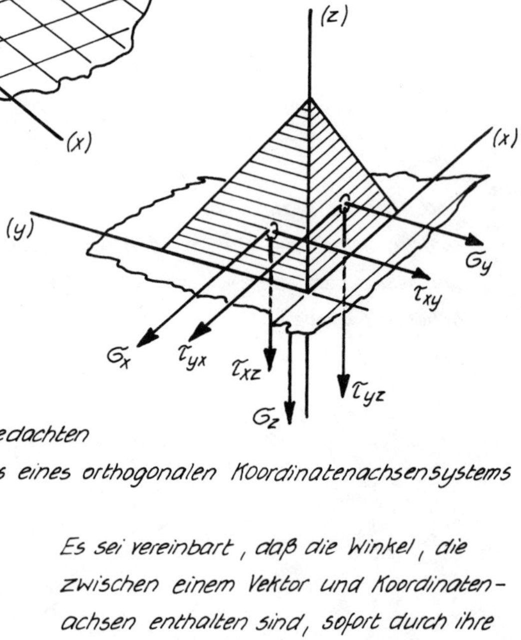

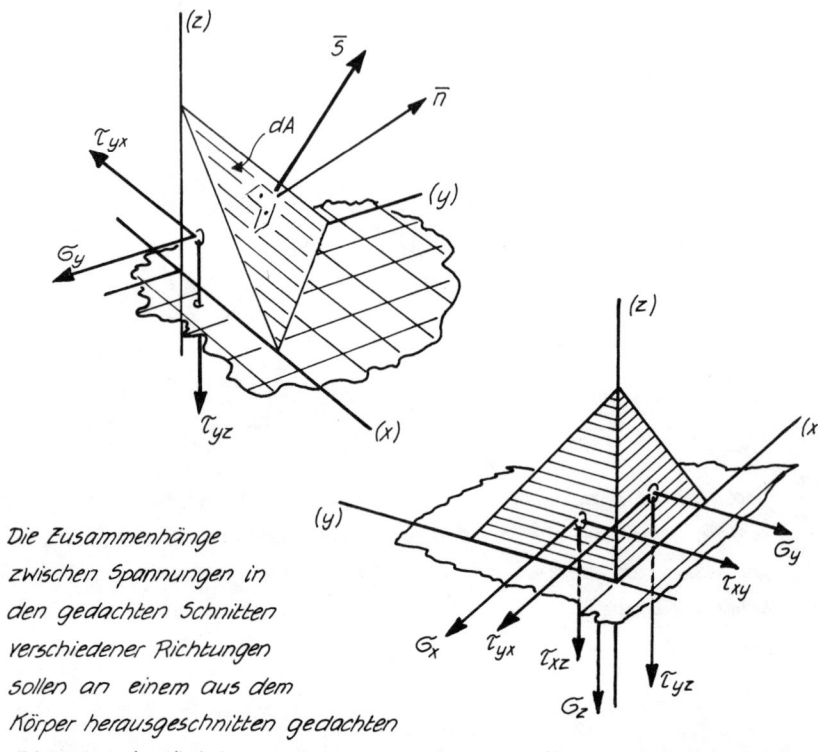

Die Zusammenhänge zwischen Spannungen in den gedachten Schnitten verschiedener Richtungen sollen an einem aus dem Körper herausgeschnitten gedachten Tetraeder, bezüglich jeweils eines orthogonalen Koordinatenachsensystems betrachtet werden.

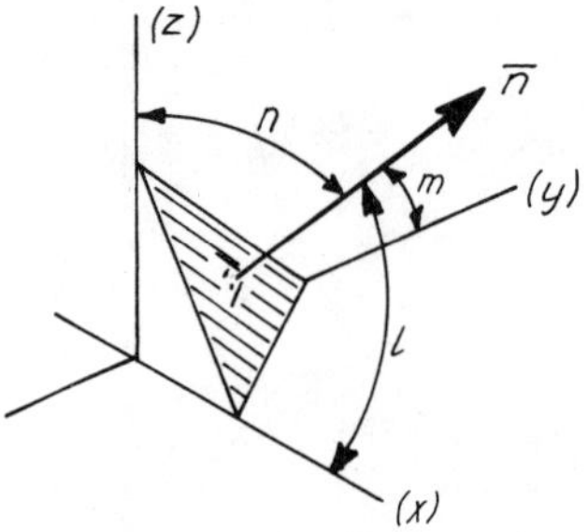

Es sei vereinbart, daß die Winkel, die zwischen einem Vektor und Koordinatenachsen enthalten sind, sofort durch ihre Kosinuswerte bezeichnet werden.

Hier also:

$l = \cos(\sphericalangle \bar{n}, x)$,

$m = \cos(\sphericalangle \bar{n}, y)$,

$n = \cos(\sphericalangle \bar{n}, z)$, wofür wegen der

Rechtwinkligkeit der Koordinatenachsen gilt :

$$l^2 + m^2 + n^2 = 1 \quad .$$

Bequemerweise sind das gerade die Komponenten des Flächennormalvektors

$$\bar{n} = (l\,;\, m\,;\, n) \quad ; \quad |\bar{n}| = 1$$

des Einheitsvektors, der senkrecht zum Flächenelement dA steht.

Das Gleichgewicht der Kräfte am Tetraeder in x-Richtung ist mit den oben gewählten Bezeichnungen, im Hinblick auf den Spannungsvektor $\bar{s} = (s_x\,;\, s_y\,;\, s_z)$:

$$s_x \cdot dA = \sigma_x \cdot l \cdot dA + \tau_{yx} \cdot m \cdot dA + \tau_{zx} \cdot n \cdot dA$$

entsprechend für die anderen Richtungen.

Damit drückt sich der Spannungsvektor $\bar{s} = \frac{d\bar{F}}{dA}$, der zur Schnittfläche dA gehört, aus :

$$\bar{s} = \begin{pmatrix} s_x \\ s_y \\ s_z \end{pmatrix} = \begin{pmatrix} \sigma_x \cdot l + \tau_{yx} \cdot m + \tau_{zx} \cdot n \\ \tau_{xy} \cdot l + \sigma_y \cdot m + \tau_{zy} \cdot n \\ \tau_{xz} \cdot l + \tau_{yz} \cdot m + \sigma_z \cdot n \end{pmatrix} = \begin{pmatrix} \sigma_x & \tau_{yx} & \tau_{zx} \\ \tau_{xy} & \sigma_y & \tau_{zy} \\ \tau_{xz} & \tau_{yz} & \sigma_z \end{pmatrix} \begin{pmatrix} l \\ m \\ n \end{pmatrix} \quad (1)$$

wobei wir für den rechten Ausdruck die abkürzende Regel der Matrizenschreibweise „Zeile mal Spalte" gemeint haben.

Nach dem Satz von der Gleichheit senkrecht zugeordneter Schubspannungen haben wir hier

$$\tau_{xy} = \tau_{yx} \,, \quad \tau_{xz} = \tau_{zx} \,, \quad \tau_{yz} = \tau_{zy} \,,$$

somit symmetrische Matrix .

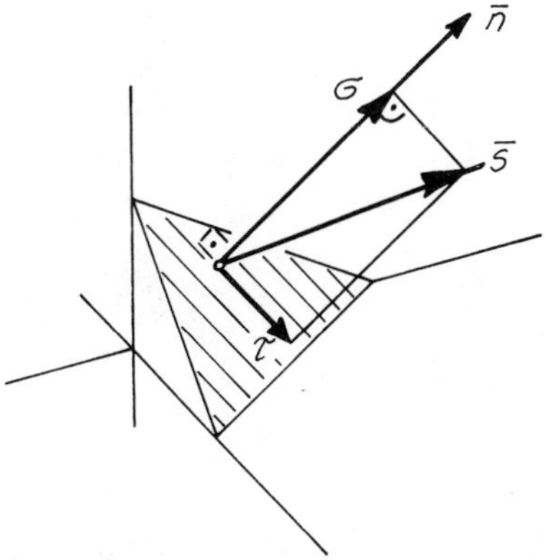

Den Vektor $\bar{s}$ wollen wir jetzt in die Komponente σ <u>senkrecht</u> zum Flächenelement dA — Normalspannung σ in der Flächennormalenrichtung $\bar{n}$ — und die Komponente τ <u>parallel</u> zum Flächenelement dA — Schubspannung τ — zerlegen .

Da $\bar{n}$ ein Einheitsvektor ist, der

auf dem Flächenelement dA senkrecht steht, ergibt sich die Projektion des $\bar{s}$ auf seine Richtung einfach als skalares Produkt

$$\sigma = \bar{n} \cdot \bar{s} \ .$$

Mit den obigen Komponentenbezeichnungen $\bar{n} = (l; m; n)$ ist

$$\sigma = \bar{n} \cdot \bar{s} = (l; m; n) \begin{pmatrix} s_x \\ s_y \\ s_z \end{pmatrix} = (l; m; n) \begin{pmatrix} \sigma_x & \tau_{xy} & \tau_{zx} \\ \tau_{xy} & \sigma_y & \tau_{zy} \\ \tau_{xz} & \tau_{yz} & \sigma_z \end{pmatrix} \begin{pmatrix} l \\ m \\ n \end{pmatrix} \qquad (2)$$

$$\underline{\sigma = l^2 \sigma_x + m^2 \sigma_y + n^2 \sigma_z + 2\,(lm\,\tau_{xy} + ln\,\tau_{xz} + mn\,\tau_{yz})} \qquad (3)$$

Der Betrag der Schubspannung ist für dieses Flächenelement dann

$$\underline{\tau = \sqrt{\bar{s}^2 - \sigma^2}} \qquad (4)$$

Die Forderung, daß σ aus physikalischen Gründen von der Wahl der Koordinatensystemlage unabhängig sein soll, drückt sich mathematisch als Invarianz gegenüber Transformationen des Koordinatenachsensystems aus, womit obiges Gebilde ein Tensor wird.

Wechselt man im obigen Ausdruck für σ vom alten Achsensystem (x, y, z) zu einem neuen $('x, 'y, 'z)$ über und fordert die Invarianz von σ, so zeigt es sich, daß folgende Größen auch Invarianten sind:

$$J_1 = \sigma_x + \sigma_y + \sigma_z = {'\sigma_x} + {'\sigma_y} + {'\sigma_z}$$

$$J_2 = \sigma_x \sigma_y + \sigma_x \sigma_z + \sigma_y \sigma_z - \tau_{xy}^2 - \tau_{xz}^2 - \tau_{yz}^2 = {'\sigma_x}{'\sigma_y} + \ldots$$

$$J_3 = \begin{vmatrix} \sigma_x & \tau_{yx} & \tau_{zx} \\ \tau_{xy} & \sigma_y & \tau_{zy} \\ \tau_{xz} & \tau_{yz} & \sigma_z \end{vmatrix} = \begin{vmatrix} '\sigma_x & \cdot & \cdot \\ \cdot & \cdot & \cdot \\ \cdot & \cdot & \cdot \end{vmatrix}$$

Brauchbar unter anderem für Rechenkontrollen.

Hauptspannungen, Hauptachsen

Nun wollen wir insbesondere nach Schnittlagen im kräftebeanspruchten

Körper fragen, bei denen die Flächennormalenrichtung $(\bar{n})$ mit der Richtung des Spannungsvektors $(\bar{s})$ zusammenfällt.

D.h. wir suchen Schnitte, die so orientiert sind, daß an ihnen keine Schubspannung τ auftritt. Diese Normalspannungen werden wir Hauptspannungen, ihre Richtungen Hauptspannungsrichtungen nennen.

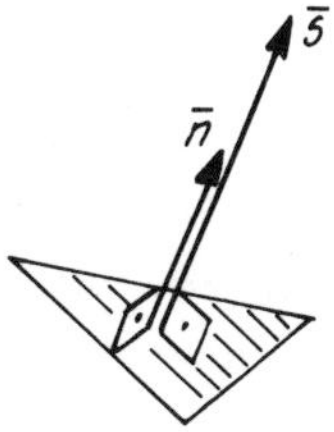

Es zeigt sich, daß man im allgemeinen drei zueinander rechtwinklige Hauptspannungsrichtungen findet.

Es ist ein Eigenwertproblem. $\bar{s} = (s_x ; s_y ; s_z)$ gleichgerichtet mit $\bar{n} = (l,m,n)$, kann geschrieben werden $\bar{s} = (\sigma l ; \sigma m ; \sigma n)$. Damit wird ① auf Seite 107 jetzt :

$$\begin{aligned} l\sigma_x + m\tau_{yx} + n\tau_{zx} &= l\sigma \\ l\tau_{xy} + m\sigma_y + n\tau_{zy} &= m\sigma \\ l\tau_{xz} + m\tau_{yz} + n\sigma_z &= n\sigma \quad , \end{aligned}$$

d.h.

$$\begin{aligned} l(\sigma_x - \sigma) + m\tau_{yx} + n\tau_{zx} &= 0 \\ l\tau_{xy} + m(\sigma_y - \sigma) + n\tau_{zy} &= 0 \\ l\tau_{xz} + m\tau_{yz} + n(\sigma_z - \sigma) &= 0 \end{aligned} \qquad ⑤$$

ein homogenes lineares Gleichungssystem.

Nichttriviale Lösungen (l,m,n) — Festlegung der gesuchten Hauptspannungsrichtungen — sind bekanntlich nur möglich, wenn die Determinante der Koeffizienten verschwindet. Ferner lehrt die lineare Algebra, daß angesichts der Symmetrie der Matrix nur reelle Eigenwerte σ zu erwarten sind.

Es ist also notwendig

$$\begin{vmatrix} \sigma_x - \sigma & \tau_{yx} & \tau_{zx} \\ \tau_{xy} & \sigma_y - \sigma & \tau_{zy} \\ \tau_{xz} & \tau_{yz} & \sigma_z - \sigma \end{vmatrix} = 0 \quad ,$$

was aber auch hinreicht für die Ermittlung des <u>Eigenpolynoms</u>, denn das ist, entwickelt :

$$\sigma^3 - (\sigma_x + \sigma_y + \sigma_z)\sigma^2 + (\sigma_x\sigma_y + \sigma_x\sigma_z + \sigma_y\sigma_z - \tau_{xy}^2 - \tau_{xz}^2 - \tau_{yz}^2)\sigma - \begin{vmatrix} \sigma_x & \tau_{yx} & \tau_{zx} \\ \tau_{xy} & \sigma_y & \tau_{zy} \\ \tau_{xz} & \tau_{yz} & \sigma_z \end{vmatrix} = 0$$

Kurz : $\sigma^3 - J_1 \sigma^2 + J_2 \sigma - J_3 = 0$ ⑥

Jeweils eine der drei reellen Wurzeln [1] σ_I, σ_{II}, σ_{III} (Hauptspannungen) dieses Polynoms, eingesetzt, ergibt — unter Hinzuziehung von $l^2 + m^2 + n^2 = 1$ aus dem Gleichungssystem ⑤ — die jeweilige Hauptachsenrichtung $(l_I ; m_I ; n_I)$, $(l_{II} ; m_{II} ; n_{II})$, $(l_{III} ; m_{III} ; n_{III})$.

Man wird sie dann als ein rechtssinnig zyklisches räumliches Dreibein anordnen.

Das sind die drei – orthogonalen – Hauptachsen.

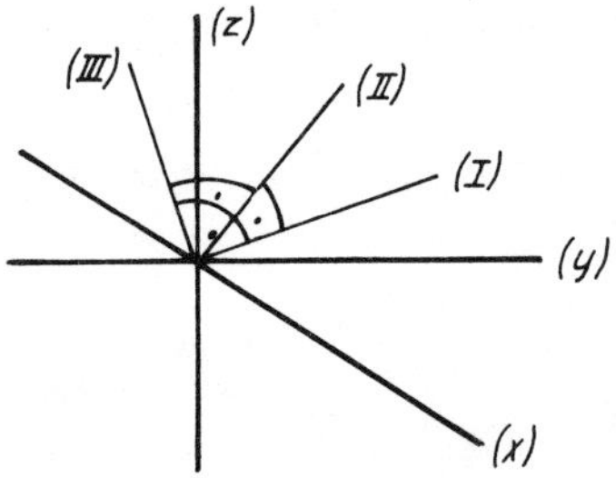

Damit haben wir die nachfolgend durch ein Zahlenbeispiel (S. 115) erläuterte Aufgabe gelöst :

Gegeben : σ_x, σ_y, σ_z, $\tau_{xy} = \tau_{yx}$; $\tau_{xz} = \tau_{zx}$; $\tau_{yz} = \tau_{zy}$.

a) Gesucht : σ, τ (Betrag) im Schnitt, dessen Normalenrichtung durch die Cosinuswerte l, m, n der entsprechenden Winkel gegeben ist.

Lösung : Gleichungen ③ und ④ . (Seite 108)

b) Gesucht : Hauptspannungen σ_I, σ_{II}, σ_{III} und die dazugehörigen Hauptachsenrichtungen (l_I, m_I, n_I), (l_{II}, m_{II}, n_{II}), $(l_{III}, m_{III}, n_{III})$.

Lösung : Letzte obige Ausführungen und Zahlenbeispiel Seite 115

---

1) Wie die Eigenwerttheorie lehrt, ergibt die reelle symmetrische charakteristische Determinante stets reelle Wurzeln und orthogonale Eigenvektoren.

Die Frage a) dieser Grundaufgabe spezialisiert sich bemerkenswert, wenn das Bezugssystem insbesondere die Hauptachsen selbst sind. Dann ist

c) $\sigma_x = \sigma_I\,,\quad \sigma_y = \sigma_{II}\,,\quad \sigma_z = \sigma_{III}\,,$

$\tau_{xy} = \tau_{yx} = \tau_{xz} = \tau_{zx} = \tau_{yz} = \tau_{zy} = 0\,.$

Die Gleichung ② auf Seite   wird hier

$$\sigma = \bar{s}\cdot\bar{n} = (l\,;m\,;n)\begin{pmatrix} s_x \\ s_y \\ s_z \end{pmatrix} = (l\,;m\,;n)\begin{pmatrix} \sigma_I & 0 & 0 \\ 0 & \sigma_{II} & 0 \\ 0 & 0 & \sigma_{III} \end{pmatrix}\begin{pmatrix} l \\ m \\ n \end{pmatrix} \qquad (2a)$$

$$\sigma = l^2\sigma_I + m^2\sigma_{II} + n^2\sigma_{III}\,; \qquad \bar{s} = (\sigma_I l\,;\ \sigma_{II} m\,;\ \sigma_{III} n) \qquad (3a)$$

$$\tau = \sqrt{\bar{s}^2 - \sigma^2} = \sqrt{(\sigma_I^2 l^2 + \sigma_{II}^2 m^2 + \sigma_{III} n^2) - (l^2\sigma_I + m^2\sigma_{II} + n^2\sigma_{III})^2} \qquad (4a)$$

Zu diesem spezielleren Falle dieser Grundaufgabe auch graphisches Vorgehen:

Gegeben: Hauptspannungen $\sigma_I, \sigma_{II}, \sigma_{III}$.

Gesucht: σ und τ (Betrag) in einem durch gegebene Richtungswinkel $\lambda = \arccos l$; $\mu = \arccos m$; $\nu = \arccos n$ festgelegten Schnitt.

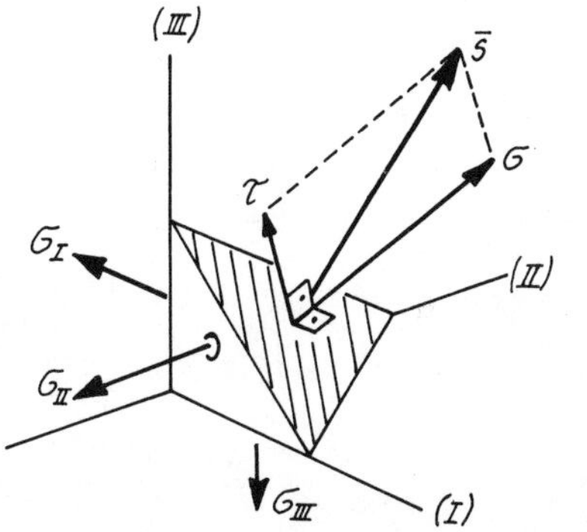

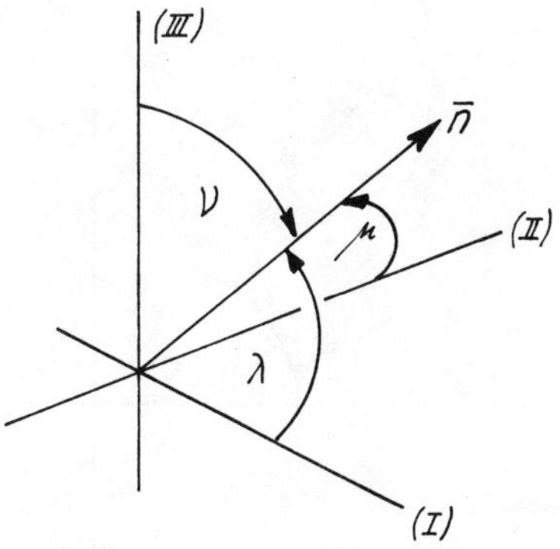

Es bietet sich ein bequemes graphisches Verfahren an.

Hierzu gehen wir aus von den drei Mohrschen Kreisen:

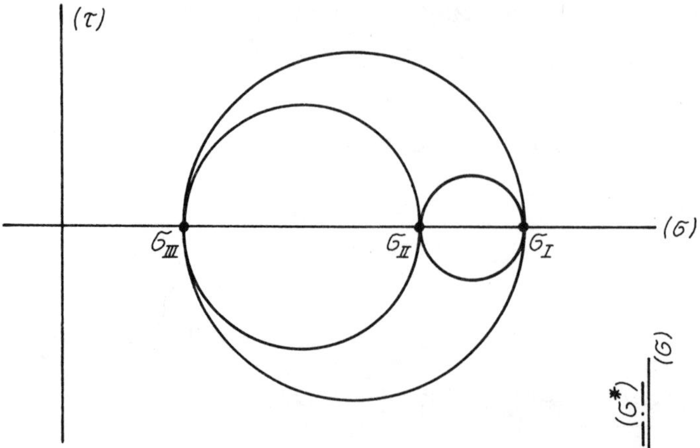
(τ)
(σ)
σ_III
σ_II
σ_I

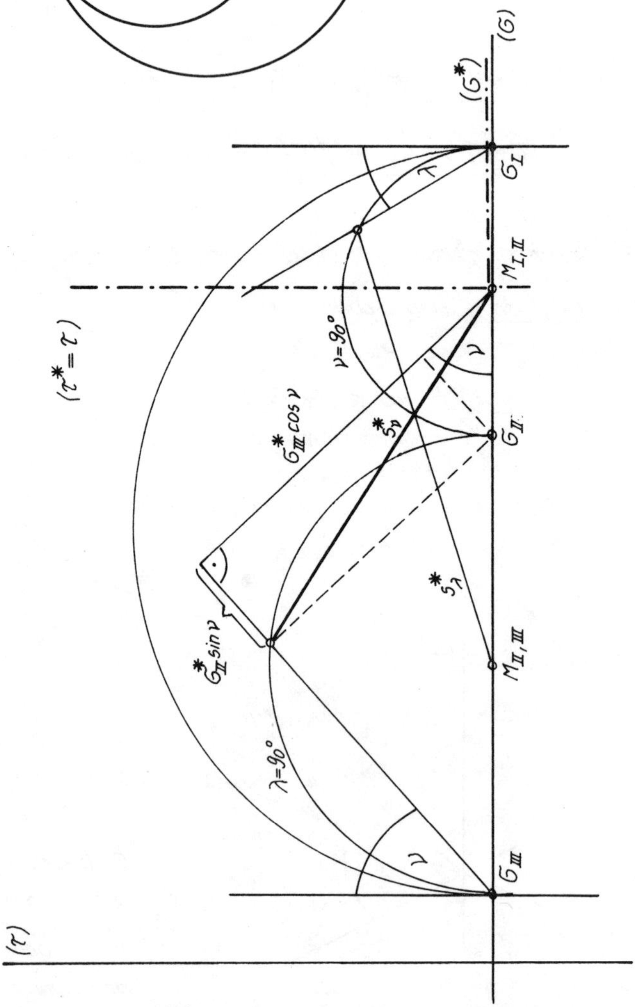
(σ)
(σ*)
σ_I
M_I,II
σ_II
M_II,III
σ_III
(τ* = τ)
(τ)
λ
ν
ν=90°
λ=90°
σ*_III cos ν
σ*_II sin ν
s*_ν
s*_λ

Man überlagere dem System vorübergehend einen hydrostatischen (allseitigen) Druck, so daß die hier gezeichnete Verschiebung der Achsen gedacht werden kann :

$$(\sigma, \tau) \rightarrow (\sigma^*, \tau^*) \;:\; \tau^* = \tau\,, \quad \sigma_{II}^* = -\sigma_I^*$$

Nach Gleichung (3a), Seite 111 ist

$$s^{*2} = l^2 \sigma_I^{*2} + m^2 \sigma_{II}^{*2} + n^2 \sigma_{III}^{*2} = (l^2 + m^2)\, \sigma_{II}^{*2} + n^2 \sigma_{III}^{*2}$$

Aus $l^2 + m^2 + n^2 = 1$

mit $l = \cos\lambda\,,\quad m = \cos\mu\,,\quad n = \cos\nu$

wird $\cos^2\lambda + \cos^2\mu = 1 - \cos^2\nu = \sin^2\nu$

$$s_\nu^{*2} = \sigma_{II}^{*2} \sin^2\nu + \sigma_{III}^{*2} \cos^2\nu \,, \qquad \text{(im Diagramm gedeutet)}$$

und, völlig entsprechend, ist :

$$s_\lambda^{*2} = \sigma_{II}^{*2} \sin^2\lambda + \sigma_I^{*2} \cos^2\lambda \,.$$

Im Diagramm ist aber jede dieser Größen als Radius des geometrischen Ortes für das gegebene ν bzw. für das gegebene λ aufzufassen.

Der Schnittpunkt beider geometrischen Örter ist dann der gesuchte Punkt (σ^*, τ^*), d.h. sofort zurücktransformiert gedacht, der Punkt (σ, τ), den wir suchen, siehe Bild nächste Seite.

Somit : λ, ν antragen, s_λ^*, s_ν^* zeichnen, den Schnittpunkt deren Kreise finden, ergibt σ, τ, siehe nächste Seite.
(s.u. Zahlenbeispiel, Seite 117).

Das ergibt

folgendes Vorgehen :

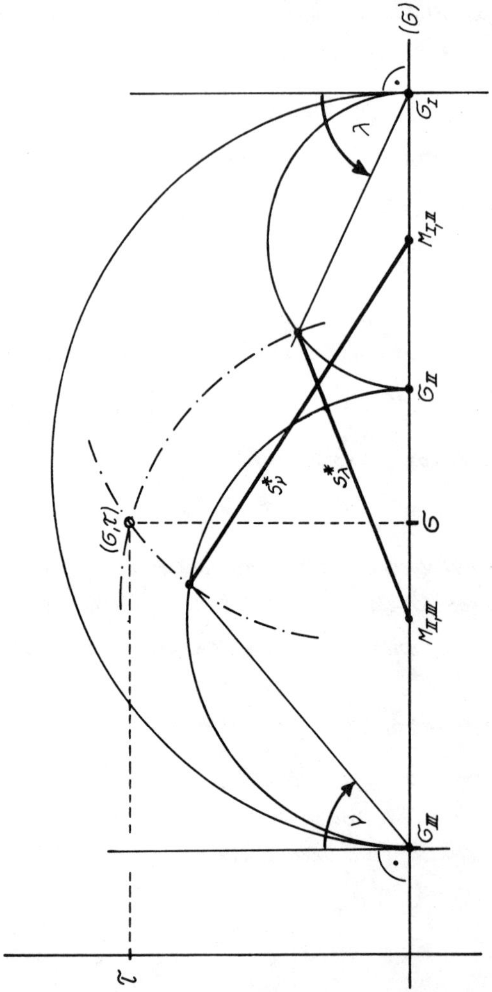

<u>Gegeben</u> : Hauptspannungen σ_I, σ_{II}, σ_{III} und eine Richtung im Raum durch mindestens zwei von drei Winkeln λ, μ, ν festgelegt (verknüpft durch $\cos^2\lambda + \cos^2\mu + \cos^2\nu = 1$).

<u>Gesucht</u> : σ und τ (Betrag) in dem obiger Richtung zugewandten Schnitt .

<u>Graphische Lösung</u> :

1) Man zeichne die drei Mohrschen Kreise mit σ_I, σ_{II}, σ_{III} .

2) Man trage die Winkel λ, ν an (siehe obiges Diagramm).
3) Man konstruiere s_ν^*, s_λ^* (siehe obiges Diagramm).
4) Der Schnittpunkt der Kreise mit s_ν^*, s_λ^* ist der Punkt mit den gesuchten Koordinaten σ, τ.

Beispiel :

Gegeben : $\sigma_x = 1 \frac{kp}{cm^2}$; $\sigma_y = 2 \frac{kp}{cm^2}$; $\sigma_z = 3 \frac{kp}{cm^2}$;

$\tau_{xy} = \tau_{yx} = 1 \frac{kp}{cm^2}$; $\tau_{xz} = \tau_{zx} = 2 \frac{kp}{cm^2}$; $\tau_{yz} = \tau_{zy} = 1 \frac{kp}{cm^2}$

Gesucht : Hauptspannungen σ_I, σ_{II}, σ_{III} und die Lage der Hauptachsen bezüglich der x, y, z - Achsen

Lösung :

1) Nach Seite 110, Gleichung ⑥, ist das charakteristische Polynom, dessen Wurzeln (d.h. Lösungen) die Hauptspannungen sind

$$\sigma^3 - \underbrace{(\sigma_x+\sigma_y+\sigma_z)}_{J_1}\sigma^2 + \underbrace{(\sigma_x\sigma_y+\sigma_x\sigma_z+\sigma_y\sigma_z-\tau_{xy}^2-\tau_{xz}^2-\tau_{yz}^2)}_{J_2}\sigma - \underbrace{\begin{vmatrix} \sigma_x & \tau_{xy} & \tau_{zx} \\ \tau_{xy} & \sigma_y & \tau_{zy} \\ \tau_{xz} & \tau_{yz} & \sigma_z \end{vmatrix}}_{J_3} = 0$$

In den folgenden Zahlenwertgleichungen ist die Spannung in $\left[\frac{kp}{cm^2}\right]$ vereinbart :

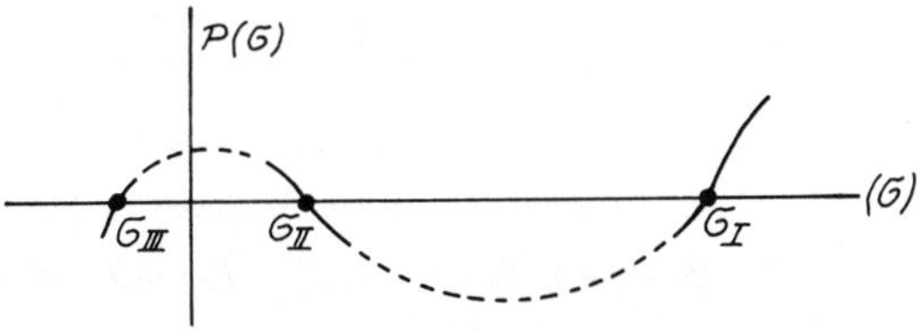

$$\sigma^3 - 6 \cdot \sigma^2 + 5\sigma + 2 = 0$$

Man findet drei reelle Wurzeln :

$$\sigma_I = 4{,}895 \ \frac{kp}{cm^2}$$

$$\sigma_{II} = 1{,}3973 \ \frac{kp}{cm^2}$$

$$\sigma_{III} = -0{,}2924 \ \frac{kp}{cm^2}$$

2) Bestimmung der Richtungscosinus für die drei Hauptachsen bezüglich des x, y, z-Dreibeins :

Jeweils eine der Hauptspannungen ist in ⑤ (Seite 109) einzusetzen .

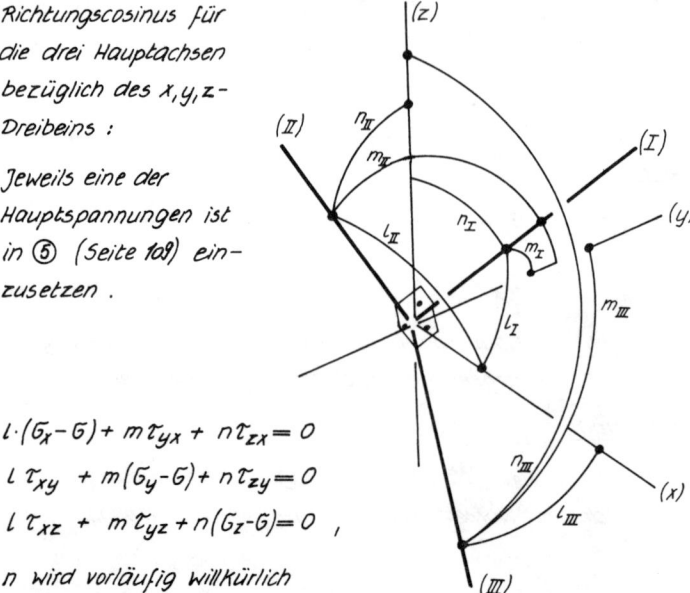

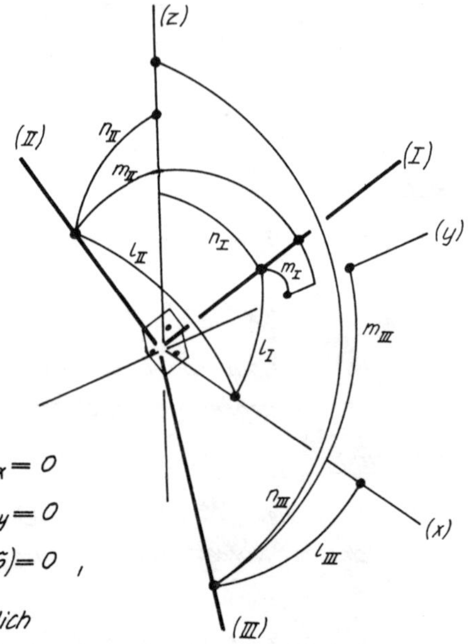

$$l\cdot(\sigma_x-\sigma)+m\tau_{yx}+n\tau_{zx}=0$$
$$l\,\tau_{xy}+m(\sigma_y-\sigma)+n\tau_{zy}=0$$
$$l\,\tau_{xz}+m\,\tau_{yz}+n(\sigma_z-\sigma)=0\ ,$$

n wird vorläufig willkürlich $n=n^*=1$ gesetzt und dann die übrigen — noch zu normierenden — Werte $l=l^*$, $m=m^*$ ermittelt .

Danach die Normierung auf $l^2+m^2+n^2=1$:

$$l=\frac{l^*}{\sqrt{l^{*2}+m^{*2}+n^{*2}}}\ ;\quad m=\frac{m^*}{\sqrt{\phantom{l^{*2}+m^{*2}+n^{*2}}}}\ ;\quad n=\frac{n^*}{\sqrt{\phantom{l^{*2}+m^{*2}+n^{*2}}}}\ .$$

Zum Schluß wird man in einem der l, m, n-Trippel gegebenenfalls die Vorzeichen zu modifizieren haben, damit ein rechtsschraubensinniges Dreibein (I), (II), (III) entsteht .

Für $\underline{\sigma_I=4{,}895\ \frac{kp}{cm^2}}$ erhält man hier

$l_I=0{,}497$ $m_I=0{,}432$ $n_I=0{,}752$

$\lambda_I=60{,}2°$ $\mu_I=64{,}3°$ $\nu_I=41{,}2°$

$\underline{\sigma_{II}=1{,}3973\ \frac{kp}{cm^2}}$

$l_{II}=0{,}0760$ $m_{II}=-0{,}885$ $n_{II}=0{,}458$

$\lambda_{II}=85{,}4°$ $\mu_{II}=152°$ $\nu_{II}=62{,}6°$

$$\sigma_{III} = -0{,}2924\ \frac{kp}{cm^2}$$

$l_{III} = 0{,}864$ $\quad m_{III} = -0{,}171$ $\quad n_{III} = -0{,}474$

$\lambda_{III} = 30{,}2°$ $\quad \mu_{III} = 100°$ $\quad \nu_{III} = 118°$

Beispiel :

Jetzt wollen wir uns eine umgekehrte Aufgabe stellen und sie graphisch lösen.

Gegeben : Hauptspannungen :

$$\sigma_I = 4{,}9\ \frac{kp}{cm^2}\ ; \quad \sigma_{II} = 1{,}4\ \frac{kp}{cm^2}\ ; \quad \sigma_{III} = -0{,}29\ \frac{kp}{cm^2}\ .$$

Gesucht : Normalspannung σ und der Betrag der Schubspannung τ im Schnitt, dessen Normale durch folgende Richtungswinkel gegen die Hauptachsen gegeben ist :

Gegen die Hauptachse (I) : $\lambda = 41°$;
Gegen die Hauptachse (III) : $\nu = 118°$.

Lösung : Die graphische Lösung (vgl. das folgende Diagramm) wird gemäß Seite 114 ausgeführt.
Sie ergibt :

$$\sigma = 3\ \frac{kp}{cm^2}\ ;$$

Betrag $\tau = 2{,}2\ \frac{kp}{cm^2}$.

Auch rechnerisch erhält man sofort mit den Gleichungen (3a), (4a) von Seite 111 :

$l = \cos\lambda = \cos 41° = 0{,}7547$; $\quad n = \cos\nu = \cos 118° = -0{,}4695$

$$m = \sqrt{1 - l^2 - n^2} = 0{,}4583$$

$$\sigma = l^2\sigma_I + m^2\sigma_{II} + n^2\sigma_{III} = 3{,}02\ \frac{kp}{cm^2}$$

$$\tau = \sqrt{\sigma_I^2 l^2 + \sigma_{II}^2 m^2 + \sigma_{III}^2 n^2 - \sigma^2} = 2{,}23\ \frac{kp}{cm^2}\ .$$

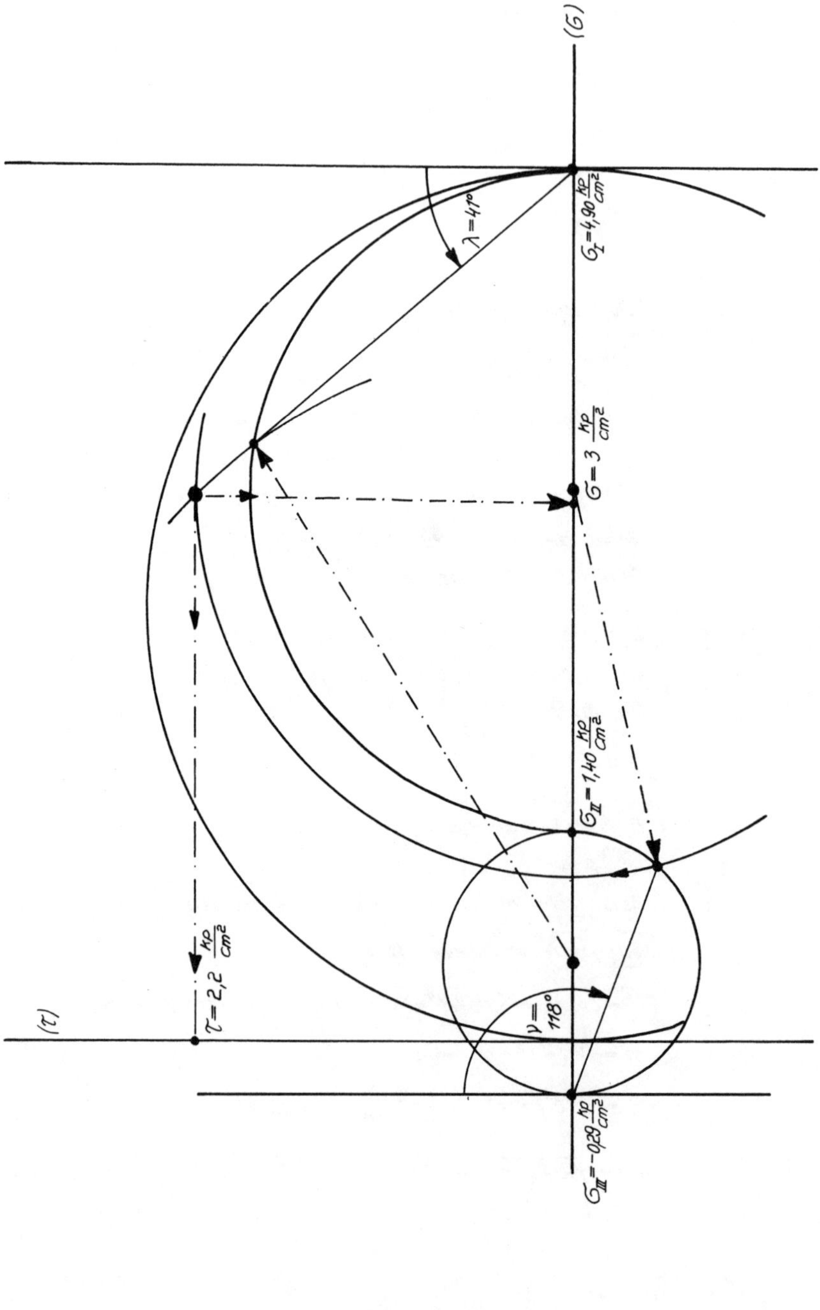
(σ)
σ_I = 4,90 kp/cm²
λ = 41°
σ = 3 kp/cm²
σ_II = 1,40 kp/cm²
σ_III = −0,29 kp/cm²
τ = 2,2 kp/cm²
(τ)
ν = 118°

D. Form- und Gestaltänderungsarbeit

1. Formänderungsarbeit

Die Deformationsarbeit an einem quaderförmigen Materialelement, dessen Flächen den Hauptspannungsrichtungen zugewandt sind, ergibt sich wie folgt:

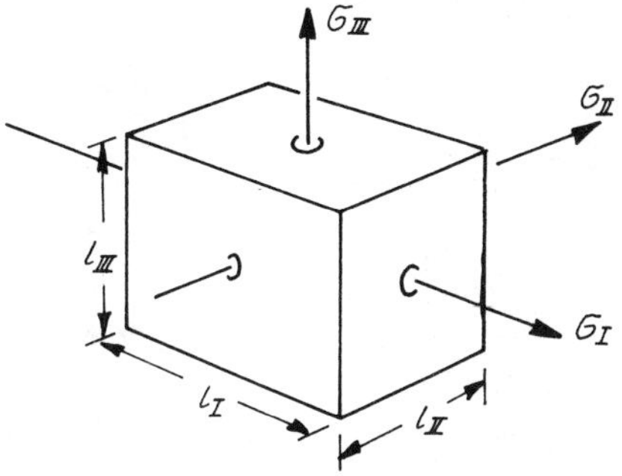

$$W_I = \frac{1}{2} \cdot F_I \, \Delta l_I = \frac{1}{2} \sigma_I l_{II} l_{III} \cdot \Delta l_I$$

$$= \frac{1}{2} \sigma_I \cdot l_I l_{II} l_{III} \frac{\Delta l_I}{l_I}$$

$$W_I = \frac{1}{2} \sigma_I \cdot V \cdot \varepsilon_I \, .$$

Entsprechend:

$$W_{II} = \frac{1}{2} \sigma_{II} \cdot V \cdot \varepsilon_{II} \, .$$

$$W_{III} = \frac{1}{2} \sigma_{III} \cdot V \cdot \varepsilon_{III} \, .$$

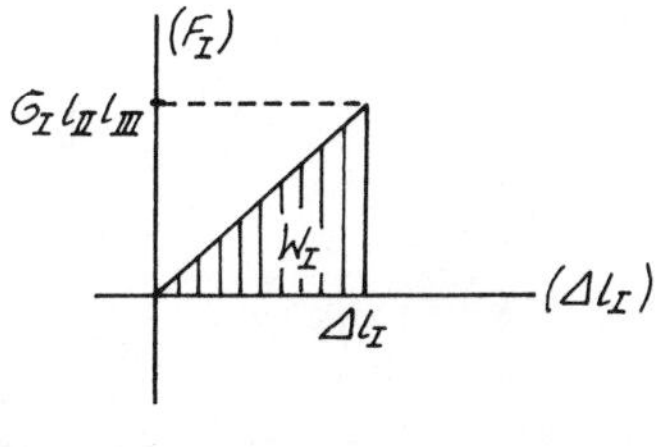

Führen wir hier die Gleichungen von Seite 24 ein:

$$\varepsilon_I = \frac{1}{E} \left[\sigma_I - \mu \left(\sigma_{II} + \sigma_{III} \right) \right]; \qquad \varepsilon_{II} = \ldots ; \qquad \varepsilon_{III} = \ldots ,$$

so ist die spezifische Arbeit:

$$W_{spez.} = \frac{W}{V} = \frac{1}{E} \left[\frac{\sigma_I^2 + \sigma_{II}^2 + \sigma_{III}^2}{2} - \mu \left(\sigma_I \sigma_{II} + \sigma_I \sigma_{III} + \sigma_{II} \sigma_{III} \right) \right]$$

<u>Zusammenhang zwischen E und G</u>

Mit dem obigen Ausdruck für die Deformationsarbeit kann der Elastizitätsmodul E und der Gleitmodul G sofort verknüpft werden.

Man betrachte hierzu die reine Scherung (vgl. Seite 44):

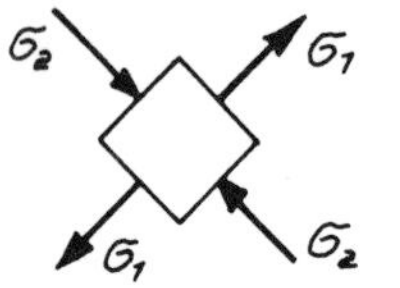

$$W_{spez} = \frac{1}{E}\left[\frac{\sigma_1^2+\sigma_2^2}{2} - \mu\,\sigma_1\cdot\sigma_2\right]$$

$$= \frac{1}{E}\left[\tau^2 + \mu\tau^2\right]$$

$$= \frac{\tau^2}{E}(1+\mu)$$

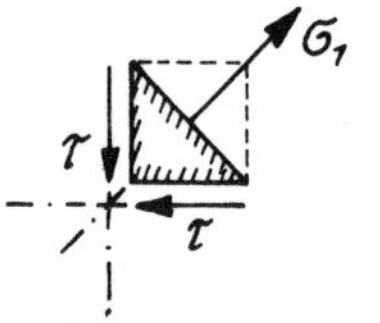

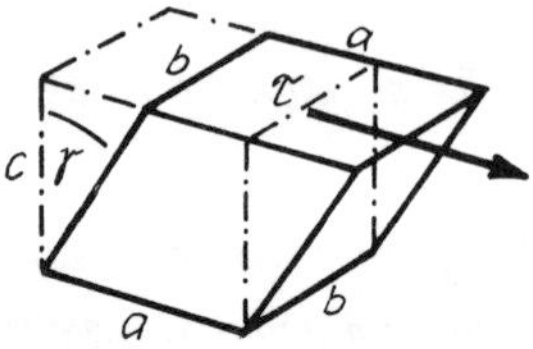

Anderseits hat man hier unmittelbar

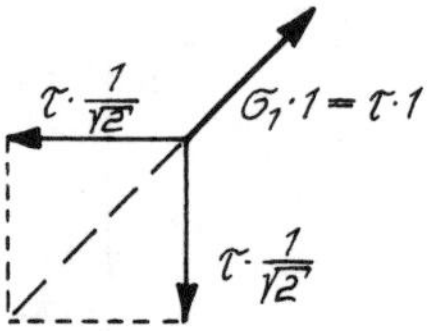

$$W = \frac{1}{2}\cdot\tau\cdot ab\cdot c\gamma$$

$$W_{spez} = \frac{W}{V} = \frac{1}{2}\cdot\tau\cdot\gamma \qquad \tau = G\gamma \quad \gamma = \frac{\tau}{G}$$

$$W_{spez} = \frac{1}{2G}\cdot\tau^2$$

Gleichsetzung der beiden Ergebnisse ergibt

$$\boxed{G = \frac{E}{2(1+\mu)}}$$

2. Gestaltänderungsarbeit

Die gesamte Deformationsarbeit an einem Materialelement läßt sich als Summe zweier Anteile darstellen :

1. Arbeit der Volumenänderung durch allseitig gleiche Spannung (z.B. hydrostatischer Druck)
2. Arbeit der Gestaltänderung , die Verzerrungen zukommt .

Einen Ausdruck für letztere wollen wir jetzt finden . Er wird in der Gestaltänderungshypothese , Seite 86 , verwendet .

Jn den Ausdruck für spezifische Formänderungsarbeit (siehe Seite 119)

$$W_{spez.} = \frac{W}{V} = \frac{1}{2E}\left[\sigma_I^2 + \sigma_{II}^2 + \sigma_{III}^2 - 2\mu\left(\sigma_I\sigma_{II} + \sigma_I\sigma_{III} + \sigma_{II}\sigma_{III}\right)\right]$$

setze man $\sigma_I + \sigma_{II} + \sigma_{III} = 3s$, s allseitig gleich gedachte, mittlere Spannung.

Das ergibt die Volumenänderungsarbeit

$$\underline{W_{spez_V} = \frac{1}{2E}\left(3s^2 - 6\mu s^2\right) = \frac{1}{2E}\,\frac{1-2\mu}{3}\left(\sigma_I + \sigma_{II} + \sigma_{III}\right)^2}$$

Die Gestaltänderungsarbeit ist die Differenz :

$$W_{spez_G} = W_{spez} - W_{spez_V}$$

$$= \frac{1}{2E}\left[\sigma_I^2 + \sigma_{II}^2 + \sigma_{III}^2 - 2\mu\left(\sigma_I\sigma_{II} + \sigma_I\sigma_{III} + \sigma_{II}\sigma_{III}\right) - \frac{1-2\mu}{3}\left(\sigma_I + \sigma_{II} + \sigma_{III}\right)\right]$$

nach mehreren Zwischenschritten

$$= \frac{1}{2E}\cdot\frac{2(1+\mu)}{3}\left[\sigma_I^2 + \sigma_{II}^2 + \sigma_{III}^2 - \sigma_I\sigma_{II} - \sigma_I\sigma_{III} - \sigma_{II}\sigma_{III}\right]$$

$$= \frac{(1+\mu)}{E}\cdot\frac{1}{6}\cdot\left[\left(\sigma_I - \sigma_{II}\right)^2 + \left(\sigma_I - \sigma_{III}\right)^2 + \left(\sigma_{II} - \sigma_{III}\right)^2\right]$$

$$\underline{W_{spez_G} = \frac{1}{12G}\left[\left(\sigma_I - \sigma_{II}\right)^2 + \left(\sigma_I - \sigma_{III}\right)^2 + \left(\sigma_{II} - \sigma_{III}\right)^2\right]}$$

Dieser Ausdruck ist auf Seite 86 verwendet worden.

Sachverzeichnis

Repetitorium Technische Mechanik

R. Demmig

STATIK STARRER KÖRPER

Repetitorium Technische Mechanik, Teil 1,
13. Auflage 1969, DIN A 5, 188 Seiten, ca. 300 Abbildungen,
ISBN 3 921092 14 0

Inhalt: Allgemeines über Mechanik - Gleichgewicht - Parallelogramm der Kräfte - Statisches Moment -Kräftepaar - Verschieben einer Kraft - Kräfte in der Ebene - Kräfte in einer Geraden - Kräfte mit gemeinsamem Angriffspunkt graphisch, analytisch und vektoriell - Zerlegung einer Kraft in 3 Komponenten nach Culmann und Ritter - Kräftepaare - Beliebige Kräfte - Momentenvektor einer Kraft und eines Kräftepaares - Das Freimachen eines Körpers - Kräfte im Raum - Moment einer Kraft in Bezug auf eine Gerade und einen Punkt, graphisch, analytisch und vektoriell - Verschiebung eines Kräftepaares im Raum - Kraftschraube oder Dyname - Mehrere Kräfte mit gemeinsamem Angriffspunkt - Bockgerüst - Kräftepaare - Beliebige Kräfte - Schwerpunkte, analytisch und graphisch - Lagerung eines Körpers - Bewegliches und festes Lager - Einspannung - Pendelstütze - Dreigelenkbogen - Ebene Fachwerke - Cremona, Culman und Ritter - Anhang: Einführung in die Vektorrechnung.

R. Demmig

FESTIGKEITSLEHRE

Repetitorium Technische Mechanik, Teil 2
11. Auflage 1969, DIN A 5, 182 Seiten, ca. 300 Abbildungen,
ISBN 3 921092 15 9

Inhalt: Die Momente ebener Flächen, analytisch und graphisch - Statische Momente - Trägheitsmomente und Zentrifugalmomente - Hauptträgheitsmomente und Hauptträgheitsachsen - Trägheitskreis von Mohr - Allgemeines: Spannungen - Deformationen - Elastizitätsmodul - Gleitmodul - Die einfachen Beanspruchungen gerader Stäbe: Zug - Druck - Biegung - Schub - Torsion - Knickung - Der allgemeine Spannungszustand - Mohr'scher Spannungskreis - Die zusammengesetzten Beanspruchungen.

Die beiden Bände der Mechanik bilden ein Ganzes. Unter Verwendung der Vektorrechnung ist das Gebiet erschöpfend behandelt. Zahlreiche durchgerechnete Zahlenbeispiele befestigen das Erlernte und vermitteln dem Lernenden die Fähigkeit, technische Aufgaben über Kräfte und Spannungen mit Verständnis zu lösen und dadurch technisch denken zu lernen.

demmig verlag KG

R. Demmig

DYNAMIK DES MASSENPUNKTES

Repetitorium Dynamik, Teil 1, 170 Abbildungen
9. Auflage 1969, DIN A 5, 120 Seiten, ISBN 3 921092 16 7

Inhalt: Einführung in die Vektorrechnung - Dynamik eines Massenpunktes: Massenpunkt - Bahn eines Punktes - Bewegungsgleichung - Geschwindigkeit - Drehungen - Winkelgeschwindigkeitsvektor und Winkelgeschwindigkeit - Gleichförmige Bewegung eines Punktes - Hodograph - Beschleunigung - Superpositionsprinzip - Der freie Fall - Wurfbewegung - Trägheitsgesetz - Grundgesetz der Dynamik - Gewicht und Masse - Bewegung eines Massenpunktes auf einer Geraden - auf einem Kreis - Zentripetalkraft - Zentrifugalkraft - Gezwungene oder unfreie Bewegung eines Massenpunktes - Arbeit - Leistung - Energie - Der Energiesatz - Bewegungsgröße - Antrieb - Der Antriebssatz - Drall - Flächensatz - Zeitmarkierte freie krummlinige Bahn bei Berücksichtigung der Widerstandskräfte - Zeitmarkierte gezwungene krummlinige Bahn - Kraftfelder graphisch, analytisch und vektoriell - Potential - Maßsysteme physikalischer Größen

R. Demmig - G. Uszczapowski

DYNAMIK DES MASSENKÖRPERS

Repetitorium Dynamik, Teile 2 und 3, 185 Abbildungen
7. Auflage 1972, DIN A 5, 114 Seiten, ISBN 3 921092 26 4

Inhalt: Teil 2: Bewegungsarten eines Massenkörpers - Bewegungsenergie eines Massenkörpers - Trägheitsmomente von Massen - Bewegung eines ebenen Systems in einer ruhenden Ebene - Geschwindigkeitsfeld - Beschleunigungsfeld - Das Prinzip d'Alemberts - Schwerpunktsatz - Momentsatz der Dynamik - Momentsatz für einen um eine feste Drehachse rotierenden Körper - Untersuchung von Bewegungen durch graphisches Differenzieren und graphisches Integrieren.

Teil 3: Grundlagen der Dynamik des starren Körpers in allgemeiner Darstellung - Newtonsche Gleichung - Energiesatz - Impulssatz - Rotation - Allgem. Bewegung im Raum - Massenträgheitsmoment - Moment - Drehimpuls (Drall) - Kinetische-translatorische und rotatorische Energie bei allgemeiner Bewegung.

Die beiden Bände der Dynamik bilden ein Ganzes. Unter Verwendung der Vektorrechnung sind die Grundlagen von Bewegung und ihre Gesetze erschöpfend und leicht verständlich behandelt. Zahlreiche durchgerechnete Zahlenbeispiele zeigen die Anwendung des Erlernten. Die vektorielle Behandlung gestattet eine anschauliche Darstellung des Stoffes und macht dadurch das Verstehen der Bewegungsvorgänge leicht.

demmig verlag KG